Maurice Maeterlinck

Das Leben der Bienen

Zu diesem Buch

Maurice Maeterlinck, zu seinen Lebzeiten gefeierter Nobelpreisträger für Literatur, hat selbst Bienen gezüchtet und erforscht. Sein erstmals 1901 erschienenes Buch *Das Leben der Bienen* fand in zahlreichen Sprachen weiteste Verbreitung und gilt unter Fachleuten und Imkern bis heute als gültige Darstellung. Sachlich und präzis, aber mit berückender Sprachkraft schildert er die faszinierenden, rätselhaften Ereignisse im Bienenstock. In Maeterlinck verbindet sich der Naturforscher mit dem Denker und Dichter, der den Wundern der Natur nachspürt und das Staunen nicht verlernt hat.

»Welche Folgen hätte ein Aussterben der Bienen? Tatsächlich würde die Obsternte auf ein Drittel bis ein Fünftel zurückgehen. Man schätzt, dass in den Monaten Mai und Juni ein einziges Bienenvolk zwei Millionen Blüten pro Tag bestäuben kann. Je länger ich mich mit den Bienen beschäftigte, desto mehr erkannte ich in ihnen die ewige Wiederkehr des Neuen.« *Aus dem Essay von Gerhard Roth*

Der Autor

Maurice Maeterlinck (1862–1949), auch »der belgische Shakespeare« genannt, war einer der meist aufgeführten Theaterautoren seiner Zeit. Der Genter Dramatiker und Lyriker gilt als einer der wichtigsten Vertreter des Symbolismus. 1911 wurde ihm der Nobelpreis für Literatur verliehen.

Der Übersetzer

Friedrich von Oppeln-Bronikowski (1873–1936) verfasste Romane und Novellen und übersetzte Klassiker der französischen und belgischen Literatur ins Deutsche.

Mehr über Buch und Autor auf *www.unionsverlag.com*

Maurice Maeterlinck

Das Leben der Bienen

Aus dem Französischen von
Friedrich von Oppeln-Bronikowski

Mit einem Essay über Maeterlinck und
die Bienen von Gerhard Roth

Unionsverlag

Die Originalausgabe erschien 1901 bei Éditions Fasquelle in Paris.
Die deutsche Erstausgabe erschien 1911 im Diederichs Verlag, Jena.

Im Internet
Akutelle Informationen, Dokumente und Materialien
zu Maurice Maeterlinck und diesem Buch
www.unionsverlag.com

Unionsverlag Taschenbuch 813
© by Orlamonde Inc., Montréal 2011
Originaltitel: La Vie des abeilles (1901)
© für den Essay: Gerhard Roth 2011
© by Unionsverlag 2018
Neptunstrasse 20, CH-8032 Zürich
Telefon +41 44 283 20 00
mail@unionsverlag.ch
Alle Rechte vorbehalten
Die erste Ausgabe dieses Werks im Unionsverlag erschien 2011
Reihengestaltung: Heinz Unternährer
Umschlagbild: Aleksandar Jocic
Umschlaggestaltung: Peter Löffelholz
Druck und Bindung: CPI – Clausen & Bosse, Leck
ISBN 978-3-293-20813-1
1. Auflage dieser Ausgabe
3. Auflage als Taschenbuch

Der Unionsverlag wird vom Bundesamt für Kultur mit einem
Verlagsförderungs-Strukturbeitrag für die Jahre 2016–2020 unterstützt.

Auch als E-Book erhältlich

INHALT

1

Auf der Schwelle des Bienenstocks 7

2

Das Schwärmen 22

3

Die Stadtgründung 64

4

Die jungen Königinnen 108

5

Der Hochzeitsausflug 136

6

Die Drohnenschlacht 160

7

Der Fortschritt der Art 167

Anmerkungen 199

Gerhard Roth
Über Bienen. Ein Essay 211

Maurice Maeterlinck – Leben und Werk 229

I

AUF DER SCHWELLE
DES BIENENSTOCKS

Ich habe nicht die Absicht, ein Buch über die Bienenzucht oder ein Handbuch für Bienenzüchter zu schreiben. Jedes Land besitzt vortreffliche Werke dieser Art, und es wäre zwecklos, sie noch einmal zu schreiben. In Frankreich hat man die Werke von Dadant, Georges de Layens, Bonnier, Bertrand, Harnet, Weber, Clément und Abbé Collin, auf englischem Sprachgebiet die Schriften von Langstroth, Bevan, Cook, Cheshire, Cowan und Root, in Deutschland die des Pfarrers Dzierzon, des Barons von Berlepsch, Pollmann, Vogel und vieler anderer.

Ebenso wenig will ich eine wissenschaftliche Monografie über *apis mellifica, ligustica, fasciata, dorsata* und andere schreiben oder die Ergebnisse neuer Forschungen und Beobachtungen mitteilen. Ich werde fast nichts sagen, was nicht jedem bekannt ist, der sich ein wenig mit Bienenzucht befasst hat, und um dieses Buch nicht unnütz zu beschweren, behalte ich mir eine gewisse Anzahl von Beobachtungen und Erfahrungen, die ich in zwanzigjährigem Umgang mit den Bienen gewonnen habe, für ein Spezialwerk vor, da sie nur von beschränktem, technischem Interesse sind. Ich will nur ganz einfach von den Bienen reden, wie man von einem vertrauten und geliebten Gegenstand redet, wenn man Nichtkenner darüber belehren will. Ich will weder die Wahrheit ausschmücken noch, was Réaumur mit vollem Recht allen seinen Vorgängern in der Bienenkunde vorwirft, ein hübsch erfundenes Märchen an die Stelle der ebenso wunderbaren Wirklichkeit setzen. Es gibt Wunder genug im Bienenstaat, und man braucht darum keine neuen zu erfinden. Überdies habe ich schon lange darauf verzichtet, etwas Interessanteres und Schöneres auf dieser Welt zu finden als die Wahrheit oder doch wenigstens das Trachten nach ihr. Ich werde im Folgenden also nichts vorbringen, was ich nicht selbst erprobt habe oder was von den Klassikern der Bienenkunde nicht derartig bestätigt wird, dass jede weitere Beweisführung langweilig würde. Ich beschränke mich darauf, die Tatsachen ebenso zuverlässig wiederzugeben, nur etwas lebendiger und mit Weiterentwicklung einiger eingeflochtener, freierer Gedanken sowie mit einem etwas harmonischerem Aufbau, als dies in den Handbüchern oder den wissenschaftlichen Monografien zu geschehen pflegt. Wer dieses Buch ausgelesen hat, ist nicht gleich imstande, einen Bienenstock zu halten, aber er erfährt daraus nahezu alles Merkwürdige und Tiefe, alle feststehenden Einzelheiten über seine Bewohner, und zwar keineswegs auf Kosten dessen, was noch zu wissen übrig bleibt. Ich übergehe all die Fabeln, die auf dem Lande und in vielen Werken noch über die Bienen verbreitet sind. Wo Zweifel herrschen, die Meinungen auseinandergehen, etwas hypothetisch ist, wo ich zu etwas Unbekanntem komme, werde ich es ehrlich erklären. Wir werden oft vor dem Unbekannten innezuhalten haben. Außer den großen sichtbaren Vorgängen ihres Lebens weiß man sehr wenig über die Bienen. Je länger man sie züchtet, desto mehr wird man sich unserer tiefen Unkenntnis über ihr wirkliches Dasein bewusst, aber diese Art des Nichtwissens ist immerhin besser als die bewusstlose und selbstzufriedene Unwissenheit.

Gab es bisher eine solche Arbeit über die Bienen? Ich glaube, nahezu alles gelesen zu haben, was über die Bienen geschrieben worden ist, aber ich kenne nichts Ähnliches außer dem Kapitel, das Michelet ihnen am Schluss seines Werks *Das Insekt* widmet, und dem Essay von Ludwig Büchner, dem bekannten Verfasser von *Kraft und Stoff,* in seinem *Geistesleben der Tiere?*[1] Michelet hat den Gegenstand kaum gestreift; Büchners Studie ist ziemlich erschöpfend; aber liest man all die gewagten Behauptungen und längst widerlegten Fabeln, die er von Hörensagen berichtet, so kann man nicht umhin zu glauben, dass er nie seine Bibliothek verlassen hat, um seine Heldinnen selbst zu befragen, und dass er nicht einen von den Hunderten summenden und flügelglänzenden Bienenstöcken geöffnet hat, wie man es getan haben muss, bevor unser Instinkt sich ihrem Geheimnis anpasst, bevor wir mit dem Dunstkreis und dem Geist des Mysteriums, das diese emsigen Jungfrauen bilden, vertraut werden. Das riecht weder nach Honig noch nach Bienen, und es hat denselben Mangel wie viele unserer gelehrten Werke: Die Schlüsse sind vielfach schon bekannt, und der wissenschaftliche Apparat besteht aus einer riesenhaften Anhäufung von unsicheren Geschichten aus jedermanns Munde. Indessen werde ich ihm in meiner Arbeit nicht oft begegnen; unsere Ausgangspunkte, Ansichten und Ziele liegen zu weit auseinander.

Die Bibliografie der Bienenkunde – denn ich möchte den Anfang mit den Büchern machen, um sie möglichst schnell zu erledigen und zu der Quelle zu kommen, aus der sie geschöpft sind – ist sehr umfangreich. Von Urbeginn an hat dieses kleine seltsame Gesellschaftstier mit seinen komplizierten Gesetzen und seinen im Dunkeln entstehenden Wunderwerken die Wissbegier der Menschen gefesselt. Aristoteles, Cato, Varro, Plinius, Columella, Palladius haben sich damit beschäftigt, nicht zu reden von dem Philosophen Aristomachos, der sie nach Aussage des Plinius achtundfünfzig Jahre lang beobachtet hat, oder Phyliscus von Thasos, der in öden Landstrichen lebte, um nur sie zu sehen, und den Beinamen »der Wilde« trug. Aber das sind im Grunde Fabeln über die Bienen, und alles, was der Rede wert ist, das heißt so gut wie gar nichts, findet sich zusammengefasst im vierten Buche von Virgils *Georgica*.

Die Geschichte der Biene beginnt erst im siebzehnten Jahrhundert mit den Entdeckungen des großen holländischen Gelehrten Swammerdam. Jedoch, um der Wahrheit die Ehre zu geben, muss vorausgeschickt werden, dass schon vor Swammerdam ein flämischer Naturforscher Clutius gewisse wichtige Wahrheiten gefunden hat, beispielsweise dass die Königin die alleinige Mutter ihres ganzen Volkes ist und die Attribute beider Geschlechter besitzt, aber er hat dies nicht bewiesen. Swammerdam war der Erste, der eine wissenschaftliche Beobachtungsmethode einführte; er schuf das Mikroskop, sezierte die Bienen zuerst und bestimmte endgültig, durch Entdeckung der Eierstöcke und des Eileiters, das Geschlecht der Königin, die man bisher für einen König (»Weisel«) gehalten hatte. Er warf ein unerwartetes Licht auf die politische Verfassung des Bienenstocks, indem er sie auf die Mutterschaft begründete. Außerdem hat er Durchschnitte entworfen und Platten gezeichnet, die so tadellos waren, dass man sie noch heute zur Illustration von Werken über Bienenzucht benutzt. Er lebte in dem geräuschvollen, trübseligen Amsterdam von ehemals, voller Sehnsucht nach »dem süßen Landleben«, und starb im Alter von dreiundvierzig Jahren, von Arbeit erschöpft. In deutlicher, frommer Sprache, mit schönen, schlichten Sätzen, in denen er beständig Gott die Ehre gibt, hat er seine Beobachtungen niedergelegt; sein Hauptwerk *Bybel der Natuure* wurde ein Jahrhundert später von Dr. Boerhave aus dem Niederländischen ins Lateinische übersetzt (unter dem Titel *Biblia naturae*, Leyden 1737).

Nach ihm hat Réaumur, derselben Methode getreu, in seinen Gärten in Charenton eine Menge merkwürdiger Experimente und Beobachtungen gemacht und den Bienen in seinen *Mémoires pour servir à l'Histoire des Insectes* einen ganzen Band gewidmet. Man kann ihn noch heute mit Erfolg und ohne Langeweile lesen. Er ist klar, ehrlich, genau und nicht ohne einen gewissen verschlossenen und herben Reiz. Er hat es sich vor allem angelegen sein lassen, eine Reihe von alten Irrtümern zu zerstreuen – wofür er freilich einige neue in Umlauf gesetzt hat –, er gewann einen Einblick in die Entstehung der Schwärme, die politischen Gewohnheiten der Königinnen, kurz, er fand verschiedene verwickelte Wahrheiten und wies den Weg zu anderen. Er heiligte durch seine Wissenschaft die architektonischen Wunder des Bienenstaats, und alles, was er darüber gesagt hat, kann nicht besser gesagt werden. Man verdankt ihm schließlich den Gedanken der Kasten mit Glaswänden, der in seiner späteren Vervollkommnung das ganze häusliche Treiben dieser unermüdlichen Arbeiterinnen ans Licht gebracht hat, die, wenn sie ihr Werk in blendendem Sonnenschein beginnen, es doch nur im Finstern vollenden und krönen. Der Vollständigkeit halber wären noch die etwas späteren Untersuchungen und Arbeiten von Charles Bonnet und Schirach zu nennen, welch Letzterer das Rätsel des königlichen Eis gelöst hat; aber ich will mich auf die großen Züge beschränken und gehe darum zu François Huber über, dem Meister und Klassiker der heutigen Bienenkunde.

Huber wurde im Jahr 1750 in Genf geboren und erblindete schon als Knabe. Durch Réaumurs Experimente angeregt, die er zunächst nur auf ihre Richtigkeit prüfen wollte, empfand er bald eine Leidenschaft für diese Dinge und widmete mithilfe eines treuen und verständigen Dieners, François Burnens, sein ganzes Leben dem Studium der Bienen. In den Annalen des menschlichen Leidens und Siegens ist nichts rührender und lehrreicher als die Geschichte dieser geduldigen Zusammenarbeit, wo der eine, der nur einen unstofflichen Schimmer wahrnahm, die Hände und Blicke des anderen, der sich des wirklichen Lichts erfreute, mit seinem Geist lenkte und, obschon er, wie versichert wird, nie mit eigenen Augen eine Honigwabe gesehen hat, durch den Schleier dieser toten Augen hindurch, der jenen anderen Schleier, in den die Natur alle Dinge hüllt, für ihn verdoppelte, dem Geist, der diesen unsichtbaren Honigbau schuf, seine tiefsten Geheimnisse ablauschte, wie um uns zu lehren, dass wir unter keinen Umständen darauf verzichten sollten, die Wahrheit herbeizuwünschen und zu suchen. Ich will hier nicht aufzählen, was die Bienenkunde ihm alles verdankt, ich könnte leichter sagen, was sie ihm nicht verdankt. Seine *Nouvelles observations sur les abeilles*, von denen der erste Band im Jahr 1789 in Form von Briefen an Charles Bonnet erschien – der zweite folgte erst fünfundzwanzig Jahre später –, sind der unerschöpfliche, untrügliche Schatz für alle Bienenforscher. Gewiss enthält das Werk auch Irrtümer und Unzulänglichkeiten, es sind seit diesem Buch in der mikroskopischen Bienenkenntnis und praktischen Bienenzucht, der Behandlung der Königinnen usw. manche Fortschritte gemacht worden, aber nicht eine seiner Hauptbeobachtungen ist widerlegt oder als irrig erwiesen worden; sie sind im Gegenteil die Grundlage unseres heutigen Wissens.

Nach Hubers Entdeckungen herrschte einige Jahre Schweigen, aber bald entdeckte ein deutscher Bienenzüchter, der Pfarrer Dzierzon aus Karlsmarck in Schlesien, die jungfräuliche Zeugung (Parthenogenesis) und erfand den ersten Kastenstock mit beweglichen Waben, durch den der Imker befähigt wird, seinen Anteil an der Honigernte zu gewinnen, ohne seine besten Völker zu zerstören und die Arbeit eines ganzen Jahres in einem Augenblick zu vernichten. Dieser noch sehr unvollkommene Kastenstock ist dann von Langstroth meisterhaft vervollkommnet worden. Er erfand den eigentlichen beweglichen Rahmen, der in Amerika Verbreitung fand und außerordentliche Erfolge erzielte. Root, Quinby, Dadant, Cheshire, de Layens, Cowan, Heddon, Houward und andere brachten dann noch einige wertvolle Verbesserungen an. Endlich erfand Mehring, um den Bienen Arbeit und Wachs, also auch viel Honig und Zeit zu sparen, Kunstwaben, die sie alsbald benutzten und ihren Bedürfnissen anpassten, während Major von Hruschka die Honigschleuder erfand, eine Zentrifugalmaschine, die den Honig ausschleudert, ohne dass die Waben zerstört werden. Damit eröffnet sich eine neue Periode der Bienenzucht.

Die Kästen sind von dreifachem Fassungsvermögen und dreifacher Ergiebigkeit. Überall entstehen große, leistungsfähige Bienenwirtschaften. Das unnütze Hinmorden der arbeitslustigsten Völker und die Auslese der Schlechtesten, die eine Folge davon war, hören auf. Der Mensch bekommt die Bienen wirklich in seine Gewalt, er kann seinen Willen durchsetzen, ohne einen Befehl zu geben, und sie gehorchen ihm, ohne ihn zu kennen. Er übernimmt die Rolle des Schicksals, die sonst in der Hand der Jahreszeiten lag. Er gleicht die Ungunst der einzelnen Jahreszeiten aus. Er vereinigt die feindlichen Völker. Er macht reich arm und arm reich. Er vermehrt oder verringert die Geburten. Er regelt die Fruchtbarkeit der Königin.

Er entthront und ersetzt sie in schwer errungenem Einvernehmen mit dem beim bloßen Argwohn einer unbegreiflichen Einmischung rasenden Bienenvolke. Er versehrt, wenn er es für nützlich hält, ohne Kampf das Geheimnis des Allerheiligsten und kreuzt die kluge und weit blickende Politik des königlichen Frauengemachs. Er bringt sie fünf- oder sechsmal hintereinander um die Früchte ihrer Arbeit, ohne sie zu verletzen, zu entmutigen und arm zu machen. Er passt die Honigräume und Speicher ihrer Wohnungen dem Ertrage der Blumenernte, die der Frühling über die Berghänge ausstreut, an. Er zwingt sie, die üppige Zahl der Bewerber, welche der Geburt der Prinzessinnen harren, herabzusetzen. Kurz, er tut mit ihnen, was er will, und erreicht bei ihnen, was er fordert, vorausgesetzt, dass seine Forderungen mit ihren Tugenden und Gesetzen übereinstimmen, denn sie sehen über den Willen des unerwarteten Gottes hinaus, der sich ihrer bemächtigt hat und der zu ungeheuer ist, um erkannt, zu fremd, um begriffen zu werden, weiter als dieser Gott selbst, und sind nur darauf bedacht, in unermüdlicher Selbstverleugnung die geheimnisvolle Pflicht gegenüber der Gattung zu erfüllen.

Nachdem uns die Bücher nunmehr das Wesentlichste gesagt haben, was sie uns über eine sehr alte Geschichte zu sagen hatten, lassen wir die durch andere erworbene Erfahrungsweisheit fallen und sehen uns die Bienen selbst einmal an. Eine Stunde im Bienenstock sagt uns vielleicht Dinge, die zwar weniger gewiss, aber ungleich lebendiger und fruchtbarer sind.

Ich habe den ersten Bienenstand, den ich zu Gesicht bekommen und an dem ich die Bienen lieben gelernt habe, noch nicht vergessen. Es ist manches Jahr darüber verflossen. Es war in einem großen Dorf im flandrischen Seeland, jenem reinlichen und anmutigen Erdenwinkel, der noch kräftigere Farben entwickelt als das eigentliche Seeland, der Hohlspiegel Hollands, und das Auge gefangen nimmt mit dem allerliebsten, tiefernsten Spielzeug seiner Tauben und Türme, seiner bemalten Wagen, seiner Wandschränke und Stutzuhren, die aus dem Dunkel der Korridore hervorleuchten, seiner Grachten und Kanäle mit ihren Spalier bildenden kleinen Bäumen, die auf eine fromme, kindliche Zeremonie zu warten scheinen, seiner Barken und Marktschiffe mit geschnitztem Bug, seiner buntfarbigen Fenster und Türen, seiner prächtigen Schleusen und schwarzgeteerten Zugbrücken, seiner schmucken Häuschen, die wie glänzende, zartgetönte Topfwaren leuchten, und aus denen Weiber, mit Gold- und Silberschmuck behängt, wie große Klingeln heraustreten, um auf die weißumzäunten Wiesen zu gehen und die Kühe zu melken oder Wäsche auf dem in Ovale oder schräge Vierecke geteilten und peinlich grünen, blumenreichen Rasenteppich auszubreiten.

Ein alter Weiser, an den Greis Vergils erinnernd, »Ein Mann, den Königen gleich, ein Mann, den Göttern nah, und ruhig und zufrieden gleich wie diese«, würde Lafontaine sagen, hatte sich dorthin zurückgezogen, wo das Leben enger scheinen könnte als woanders, wenn es möglich wäre, das Leben wirklich einzuschränken, und hatte seinen Alterssitz dort aufgeschlagen, nicht lebensmüde zwar – denn der Weise kennt keine Lebensmüdigkeit –, aber ein wenig müde, die Menschen zu befragen, denn sie antworten weniger einfältig als Tier und Pflanze auf die einzigen Fragen von Belang, die man der Natur über ihre wahren Gesetze stellen kann. Sein ganzes Glück, wie das des Philosophen Skytha, bestand in einem schönen Garten, und unter dessen Schönheiten liebte er am meisten und besuchte er am häufigsten einen Bienenstand von zwölf Strohglocken, die er mit hellem Gelb, Rosenrot und vor allem mit zartem Blau angestrichen hatte, denn er wusste schon lange vor den Experimenten von Sir John Lubbock, dass Blau die Lieblingsfarbe der Bienen ist. Der Bienenstand befand sich an der Hausmauer, im Winkel einer jener kühlen und leckeren holländischen Küchen mit Porzellanbrettern an den Wänden und leuchtendem Zinn- und Kupfergeschirr darauf, das sich durch die offene Haustür in einem stillen Kanal spiegelte. Und der Blick glitt über den Wasserspiegel mit seinen häuslichen Bildern, die ein Rahmen von Pappelbäumen umschloss, und fand seinen Ruhepunkt am Horizont mit seinen Mühlen und Weidetriften.

Hier wie überall, wo man sie aufstellt, hatten die Bienenstöcke den Blumen, der Stille, der milden Luft, den Sonnenstrahlen eine neue Bedeutung verliehen. Man griff hier mit Händen das festliche Gleichnis der hohen Sommertage. Man ruhte unter dem funkelnden Kreuzweg, von welchem die luftigen Straßen ausstrahlen, die sie vom Morgen bis zum Abend, mit allen Düften der Fluren beladen, geschäftig durchsummen. Man lauschte der heiteren, sichtbaren Seele, der klugen, wohlklingenden Stimme, man sah den Brennpunkt der Freude der sommerlichen Gartenlust. Man lernte in der Schule der Bienen das geheimnisvolle Weben der Natur, die Fäden, die sich zwischen ihren drei Reichen knüpfen, die unermüdliche Selbstgestaltung des Lebens, die Moral der selbstlosen, eifrigen Arbeit, und was ebenso viel wert ist wie diese: Die heroischen Arbeiterinnen lehrten den Geschmack an der unbestimmten Süßigkeit der Muße, sie unterstrichen mit ihren tausend kleinen Flügeln wie mit Feuerzeichen die fast unstoffliche Wonne jener jungfräulichen Tage, die in ewig gleicher Reinheit und Klarheit wiederkehren, ohne Erinnerungen zu hinterlassen, wie ein zu reines Glück.

Wir beginnen, um die Geschichte des Bienenstaats im Kreislauf des Jahres so einfach wie möglich zu erzählen, mit dem Erwachen im Frühling und dem Wiederbeginn der Arbeit, und wir werden die Hauptstadien des Bienenlebens in ihrer natürlichen Reihenfolge einander ablösen sehen: das Schwärmen und was ihm vorangeht, die Gründung der neuen Stadt, Geburt, Kämpfe und Hochzeitsausflug der jungen Königinnen, die Drohnenschlacht und die Wiederkehr des Winterschlafs. Jede dieser Episoden erfordert die nötigen Erklärungen der Gesetze, Eigentümlichkeiten, Gewohnheiten und Ereignisse, die sie verursachen oder sie begleiten, sodass wir am Ende des Bienenjahres, das von April bis Ende September reicht, alle Geheimnisse des Honigstaates kennen werden.

Vorderhand, ehe ich einen Bienenstock öffne, um einen allgemeinen Blick darauf zu werfen, mag es genügen zu wissen, dass er sich aus einer Königin, der Mutter des ganzen Volkes, vielen Tausend Arbeitsbienen, das heißt unentwickelten und unfruchtbaren Weibchen, und einigen Hundert männlichen Bienen oder Drohnen zusammensetzt. Aus den Letzteren geht der einzige unglückliche Auserwählte der künftigen Herrscherin hervor, welche die Bienen nach dem mehr oder minder unfreiwilligen Scheiden der alten Königin auf den Thron erheben.

Wenn man zum ersten Mal einen Bienenstock öffnet, so verspürt man etwas von der Erregung, die einen stets befällt, wenn man sich über etwas Unbekanntes hermacht, das voll von furchtbaren Überraschungen sein kann, wie beispielsweise ein Grab. Es spinnt sich um die Bienen eine Fabel von Gefahren und Drohungen. Man hat eine unbestimmte Erinnerung an die Bienenstiche, die einen zu eigenen Schmerz verursachen, als dass man wüsste, womit man ihn vergleichen soll; es ist ein trockenes, zuckendes Brennen, eine Art Wüstensonnenbrand, möchte man sagen, der sich bald über den ganzen Körperteil verbreitet. Es ist, als ob diese Sonnenkinder aus den glühendsten Strahlen ihrer Mutter ein leuchtendes Gift gesogen hätten, um die Schätze der Süßigkeit, die sie in ihren Segen spendenden Stunden sammeln, desto wirksamer zu verteidigen.

Freilich, wird ein Bienenstock ohne Vorsichtsmaßregeln geöffnet, von einem, der weder Charakter noch Sitten seiner Bewohner kennt und achtet, so verwandelt er sich im Nu in einen feurigen Busch von Zorn und Heldenmut.[2] Aber es lernt sich nichts leichter als ein bisschen Geschicklichkeit, die erforderlich ist, um ihn ungestraft zu öffnen. Es genügt etwas Rauch, den man von Zeit zu Zeit hineinbläst, etwas Kaltblütigkeit und Sanftheit, und die wohlbewehrten Arbeiterinnen lassen sich ausplündern, ohne daran zu denken, ihren Stachel zu zücken. Sie erkennen ihren Herrn nicht, wie behauptet worden ist, sie fürchten den Menschen nicht, aber wenn sie den Rauch riechen und die ruhigen Bewegungen in ihrer Wohnung sehen, so bilden sie sich ein, dass es sich nicht um einen Angriff oder einen Feind handelt, gegen den sie sich verteidigen können, sondern um eine Naturkraft oder Katastrophe, in die sie sich fügen müssen. Statt einen fruchtlosen Kampf zu wagen, wollen sie in ihrer diesmal getäuschten Klugheit wenigstens die Zukunft retten: Sie stürzen sich auf die Honigvorräte und schlucken möglichst viel davon, um sie woanders, gleichgültig wo, aber sofort, zur Gründung einer neuen Stadt zu verwerten, wenn die alte zerstört ist oder sie gezwungen sind, sie aufzugeben.

Der Laie pflegt zuerst einigermaßen enttäuscht zu sein, wenn man ihm Einblick in einen Beobachtungskasten[3] gewährt. Man hatte ihm versprochen, dass dieser Kasten ein ungeheures Maß von Tatkraft, eine Unzahl von weisen Gesetzen, eine erstaunliche Fülle von Geist, dass er Mysterien, Erfahrungen, Berechnungen, Wissen und Gewerbefleiß der verschiedensten Art, weise Voraussichten, Gewissheiten und Gewohnheiten voller Klugheit und eine Menge von seltsamen Tugenden und Gefühlen enthielte. Und nun erblickt er nur ein Gekribbel von rötlichen Beeren, die wie geröstete Kaffeebohnen aussehen oder wie Rosinen, die massenhaft an den Scheiben sitzen. Sie scheinen mehr tot als lebendig, und ihre Bewegungen sind langsam, unzusammenhängend und unverständlich. Er erkennt die herrlichen Lichttropfen nicht wieder, die noch eben ohne Unterlass in den gold- und perlenschimmernden

Schoß von tausend geöffneten Blumenkelchen hinabtauchten und wieder hervorkamen. Sie zittern anscheinend in der Finsternis. Sie ersticken in einer unbeweglichen Menge; man möchte sagen, sie sind wie kranke Gefangene oder entthronte Königinnen, die nur einen glänzenden Augenblick unter den leuchtenden Blumen des Gartens leben, um alsbald in das scheußliche Elend ihres armseligen, engen Kerkers zurückzukehren.

Es ist mit ihnen, wie mit allen tiefen Realitäten. Man muss sie beobachten lernen. Wenn ein Bewohner einer anderen Welt auf die Erde herabkäme und sähe, wie die Menschen durch die Straßen gehen, wie sie sich um einzelne Gebäude scharen oder auf gewissen Plätzen zusammendrängen, wie sie ohne auffällige Gebärden in ihren Wohnungen sitzen und harren, so würde er auch zu dem Schluss kommen, dass sie träge und bedauernswert sind. Mit der Zeit erst beginnt man die vielseitige Tätigkeit, die in dieser Trägheit liegt, zu erkennen.

In Wahrheit arbeitet jede dieser fast unbeweglichen kleinen Bienen unermüdlich, und jede tut etwas anderes. Keine kennt die Ruhe, und gerade die, die scheinbar eingeschlafen sind und wie leblose Trauben an den Scheiben hängen, haben die geheimnisvollste und ermüdendste Arbeit zu verrichten, sie bereiten das Wachs. Aber wir werden auf diese Einzelheiten ihrer streng geteilten Tätigkeit bald näher eingehen. Inzwischen genügt es, die Aufmerksamkeit auf den Hauptcharakterzug der Bienen zu lenken, durch den sich das enge Beieinandersitzen in dieser mannigfachen Tätigkeit erklärt. Die Biene ist vor allem und mehr noch als die Ameise ein Gesellschaftstier, sie kann nur zu vielen leben. Wenn sie aus dem dicht besetzten Stock ausfliegt, so muss sie sich mit dem Kopf einen Weg durch die lebenden Mauern bahnen, die sie umschließen, und sie verlässt damit ihr eigentliches Element. Sie taucht einen Augenblick in den blumenreichen Raum, wie der Schwimmer in den perlenreichen Ozean, aber sie muss, wenn ihr das Leben lieb ist, von Zeit zu Zeit wieder in den Dunstkreis ihrer Gefährtinnen zurück, wie der Schwimmer wieder auftaucht, um Luft zu schöpfen. Bleibt sie allein, so geht sie auch bei den günstigsten Temperaturverhältnissen und dem größten Blumenreichtum in wenigen Stunden zugrunde, nicht infolge von Hunger und Kälte, sondern von Einsamkeit. Die Menge ihrer Schwestern, der Bienenstock, ist für sie ein zwar unsichtbares, aber nicht weniger unentbehrliches Nahrungsmittel als der Honig. Dieses Bedürfnis muss man sich gegenwärtig halten, will man den Geist der Gesetze des Bienenstaats erfassen. Das Individuum gilt im Bienenstock nichts, es hat nur ein Dasein aus zweiter Hand, es ist gleichsam ein nebensächlicher Faktor, ein geflügeltes Organ der Gattung. Sein ganzes Leben ist eine vollständige Aufopferung für das unzählige, beharrende Wesen, zu dem es gehört. Sonderbarerweise lässt sich feststellen, dass dies nicht immer so war. Man findet auch heute noch unter den Honigwespen alle Stadien der schrittweisen Entwicklung unserer Hausbiene vor. Auf der untersten Stufe arbeitet sie allein im Elend; oft erblickt sie nicht einmal ihre Nachkommenschaft (wie bei den Prosopis und Colletes), bisweilen lebt sie im engen Familienkreis mit ihrer jährlichen Brut (wie bei den Hummeln), vereinigt sich dann vorübergehend zu Gesellschaften (Grabbienen, Hosenbienen, Ballenbienen) und erreicht schließlich, von Stufe zu Stufe steigend, die nahezu vollkommene Gesellschaftsform unserer Bienenstöcke, wo das Individuum vollständig in der Gesamtheit aufgeht und die Gesamtheit wiederum der abstrakten, unsterblichen Gesellschaft der Zukunft geopfert wird.

Hüten wir uns, aus diesen Tatsachen voreilige Schlüsse auf den Menschen zu ziehen. Der Mensch hat das Vermögen, sich den Naturgesetzen nicht zu fügen. Ob es recht oder unrecht ist, von diesem Vermögen Gebrauch zu machen: Das ist der wichtigste, aber auch der unaufgeklärteste Punkt unserer Moral. Inzwischen ist es nicht belanglos, den Willen der Natur in einer anders gearteten Welt zu belauschen, und gerade bei den Honigwespen, die nächst dem Menschen unzweifelhaft die intelligentesten Bewohner dieses Erdballs sind, tritt dieser Wille sehr deutlich zutage. Er trachtet sichtlich nach Veredelung der Art, aber er zeigt auch, dass er diese nur auf Kosten der individuellen Freiheit und des individuellen Glücks erreichen will oder kann. In dem Maße, wie die Gesellschaft sich organisiert und erhebt, wird dem Sonderleben eines jeden ihrer Glieder ein immer engerer Kreis gezogen. Wo ein Fortschritt eintritt, geschieht dies durch ein immer vollkommeneres Opfer der persönlichen zugunsten der allgemeinen Interessen. Zunächst muss ein jedes Individuum auf eigenmächtige Laster verzichten. So findet man auf der vorletzten Kulturstufe der Bienen die Hummeln, die unseren Menschenfressern zu vergleichen sind: die ausgewachsenen Arbeiterinnen stellen nämlich unaufhörlich den Eiern nach, um sie zu fressen, und die Mutter muss sie mit aller Energie dagegen verteidigen. Ferner muss sich jedes Individuum, nachdem es die gefährlichsten Laster abgelegt hat, eine Anzahl von immer strenger gefassten Tugenden zu eigen machen. Die Arbeiterinnen bei den Hummeln lassen es sich beispielsweise noch nicht einfallen, der Liebe zu entsagen, während unsere Hausbiene in unbedingter Keuschheit lebt. Nun, wir werden ja bald sehen, was sie alles in Tausch gibt für das Wohlbefinden, die Sicherheit, die architektonische, ökonomische und politische Vollkommenheit des Bienenstocks, und wir kommen auf den Entwicklungsgang der Honigwespen in dem Kapitel über den »Fortschritt der Art« noch einmal zurück.

2

DAS SCHWÄRMEN

Die Bienen des von uns erwählten Bienenstocks haben also die Starre des Winterschlafs abgeschüttelt. Die Königin beginnt von Anfang Februar an wieder Eier zu legen. Die Arbeitsbienen befliegen die Anemonen, Narzissen, Veilchen, Salweiden und Haselnusssträucher. Der Frühling hält seinen Einzug, die Speicher und Keller strotzen wieder von Honig und Blütenstaub, und Tausende von Bienen erblicken täglich das Licht der Welt. Die ungeschlachten Drohnen kriechen aus ihren großen Zellen, laufen auf den Waben herum, und der Bevölkerungszuwachs der Stadt wird bald so groß, dass Hunderte von Arbeitsbienen, wenn sie abends vom Feld heimkehren, kein Unterkommen mehr finden und genötigt sind, die Nacht auf der Schwelle zu verbringen, wo viele vor Kälte sterben.

Eine allgemeine Unruhe ergreift das Volk, und die alte Königin gerät in Aufregung. Sie ahnt, dass sich ein neues Schicksal vorbereitet. Sie hat ihre Pflicht als Mutter gewissenhaft getan, und nun führt ihre Pflichterfüllung zu Verwirrung und Trübsal. Eine unabweisliche Notwendigkeit bedroht ihre Ruhe: Bald wird sie die Stadt ihrer Herrschaft verlassen müssen. Und doch ist diese Stadt ihr Werk, ihr eigenstes Ich. Sie ist keine Königin im menschlichen Sinne. Sie gibt keine Befehle; sie ist, wie die letzte ihrer Untertanen, einer verhüllten Gewalt von überlegener Weisheit unterworfen, die wir einstweilen, bis wir sie zu entschleiern versuchen, den »Geist des Bienenstocks« nennen wollen. Sie ist die alleinige Mutter und das Werkzeug der Liebe. Sie hat die Stadt in Unsicherheit und Armut gegründet. Sie hat sie unaufhörlich mit ihrem eigenen Fleisch und Blut bevölkert, und alles, was darin lebt, Arbeitsbienen, Drohnen, Larven, Nymphen und die jungen Prinzessinnen, deren baldiges Ausschlüpfen ihren Aufbruch beschleunigen wird und deren eine ihr vom »Geist des Bienenstocks« schon zur Nachfolgerin bestimmt ist, ist aus ihren Weichen hervorgegangen.

Wo befindet sich dieser »Geist des Bienenstocks« und wo hat er seinen Sitz? Er ist nicht wie der individuelle Instinkt des Vogels, der sein Nest mit Geschicklichkeit baut und andere Himmelsstriche aufzusuchen weiß, wenn der Tag des Wanderns wieder angebrochen ist. Er ist ebenso wenig eine mechanische Gewohnheit der Gattung, die nur vom blinden Lebenswillen beseelt ist und sich an allen Ecken des Zufalls stößt, sobald ein unvorhergesehener Umstand die Abfolge der gewohnten Erscheinungen durchbricht. Im Gegenteil, er folgt Schritt für Schritt den allmächtigen Umständen, wie ein kluger und geschickter Sklave, der auch die gefährlichsten Befehle seines Herrn sich zum Vorteil zu wenden weiß.

Er verfügt ohne Rücksicht, aber gewissenhaft, als wäre ihm eine große Pflicht auferlegt, über Wohlstand und Glück, Leben und Freiheit dieses geflügelten Völkchens. Er bestimmt Tag für Tag die Zahl der Geburten, und zwar genau nach der Blumenzahl, die auf den Fluren blüht. Er sagt der Königin, dass sie verbraucht ist oder dass sie ausschwärmen muss, er zwingt sie, ihren Nebenbuhlerinnen das Leben zu geben, erhebt diese zu Königinnen, schirmt sie vor dem politischen Hass ihrer Mutter ab und veranlasst oder verhindert – je nach Fülle des Blumensegens, dem früheren oder späteren Eintreten des Frühjahrs und den beim Hochzeitsflug zu befürchtenden Gefahren –, dass die erstgeborene unter den jungfräulichen Prinzessinnen ihre jüngeren Schwestern in der Wiege tötet. Oder auch bei vorgerückter Jahreszeit, wenn die Blumenstunden kürzer werden, gebietet er den Arbeitsbienen, die ganze königliche Brut zu vernichten, damit die Ära der Umwälzungen ein Ende hat und die fruchtbringende Arbeit wieder aufgenommen wird. Er ist ein Geist der Vorsicht und Sparsamkeit, aber nicht des Geizes. Er weiß anscheinend um die verhängnisvollen und etwas vernunftwidrigen Naturgesetze der Liebe und duldet darum in den reichen Sommertagen, in denen die junge Königin ihren Liebhaber suchen geht, das Vorhandensein von drei- oder vierhundert törichten, ungeschickten, bei aller Geschäftigkeit nur hinderlichen, anspruchsvollen, schamlos müßigen, lärmenden, gefräßigen, groben, unsauberen, unersättlichen und ungeschlachten Drohnen. Aber sobald die Königin befruchtet ist, die Blumen ihre Kelche später öffnen und früher schließen, ordnet er eines Tages gelassen an, dass sie alle miteinander ermordet werden. Er regelt die Arbeit jeder Biene nach ihrem Alter, er bestimmt die einen zur Pflege der Brut, die anderen zur königlichen Leibwache, welche die Königin zu unterhalten hat und sie nie aus den Augen verlieren darf, wieder andere zum Ventilieren: Sie lüften mit ihren Flügeln den Stock, führen ihm Wärme oder Kälte zu und beschleunigen die Verdunstung des dem Honig zu viel zugesetzten Wassers; wieder andere verwertet er als Architekten, Maurer und Steinmetzen; sie hängen sich in Ketten auf, um Wachs zu bereiten, und bauen die Waben, während ein anderer Schwarm ausfliegt und einträgt: Nektar, der zu Honig verarbeitet wird, Blütenstaub zum Futterbrei für die Brut, und Stopfwachs (Propolis) zum Verkleben und Befestigen der Bauten. Er weist den Chemikern im Bienenstaat ihre Aufgabe zu: den Honig haltbar zu machen, indem sie einen Tropfen Ameisensäure in die gefüllten Zellen tun, den

Arbeiterinnen, welche diese Zellen verdeckeln, den Straßen-kehrerinnen, die Straßen und Plätze in musterhafter Ordnung halten, den Totengräberinnen, welche die Leichen fortschaf-fen, und den Amazonen der Schildwache, die Tag und Nacht für die Sicherheit des Eingangs sorgen, die Kommenden und Gehenden befragen, sich die jungen Bienen beim ersten Aus-fluge merken, die Landstreicher, Bettler und Räuber fort-jagen, Eindringlinge austreiben, gefürchtete Feinde in Massen angreifen und nötigenfalls das Flugloch verbarrikadieren.

Endlich bestimmt er die Stunde, wo dem Genius der Art das große Jahresopfer gebracht wird, ich meine das Schwär-men, wo das ganze Volk, auf dem Gipfel seiner Macht und sei-nes Gedeihens angelangt, der nächsten Generation plötzlich alles überlässt, seine Schätze und Paläste, seine Wohnungen und die Frucht seiner Arbeit, um fern im Ungewissen und Öden eine neue Heimat zu suchen. Es ist dies ein Akt, der – bewusst oder unbewusst –, über die menschliche Moral hin-ausgeht. Bisweilen zerstört er, immer verarmt er, und sicher zerreißt er das glückgesegnete Volk, damit es einem höheren Gesetz gehorche, als das Gedeihen der Stadt eines ist. Wo ent-steht dieses Gesetz, das, wie wir sogleich sehen werden, nicht so fatalistisch und blind ist, wie man wohl glaubt? In welcher Versammlung, welchem Rat, welcher gemeinsamen Sphäre hat er seinen Sitz, dieser Geist, dem sich alle unterwerfen, und der selbst einer heroischen Pflicht, einer stets auf die Zukunft gerichteten Vernunft gehorcht?

Es ist bei unseren Bienen wie bei der Mehrzahl aller irdi-schen Dinge: Wir beobachten einige ihrer Gewohnheiten, wir sagen, sie tun dies und jenes, sie arbeiten so und so, ihre Kö-niginnen sorgen für Nachkommenschaft, ihre Arbeiterinnen bleiben Jungfrauen, und dann und wann schwärmen sie. Da-mit glauben wir sie zu kennen und fragen nicht weiter. Wir sehen sie von Blume zu Blume hasten, wir beobachten das bebende Kommen und Gehen im Stock und dieses Leben scheint uns höchst einfach und beschränkt, wie jedes Leben, das instinktiv nach Selbsterhaltung und Vermehrung trachtet. Aber sobald das Auge tiefer eindringt und sich Rechenschaft ablegen will, erkennt es die erstaunliche Kompliziertheit der einfachsten Erscheinungen, das Wunder des Verstandes und des Willens, der Bestimmungen und Ziele, der Ursachen und Wirkungen, die unbegreifliche Organisation der geringsten Lebensakte.

In unserem Bienenstock bereitet sich also das große Opfer vor, das den anspruchsvollen Volksgöttern gebracht wird. Den Geboten dieses »Geistes« gehorchend, der uns ziemlich unerklärlich erscheint, vorausgesetzt, dass er allen Instinkten und Gefühlen unserer Art zuwiderläuft, sind sechzig- bis siebzigtausend von den achtzig- bis hunderttausend Bienen des Gesamtvolks im Begriff, die Mutterstadt zur gegebenen Stunde zu verlassen. Es ist kein Augenblick der Angst, in dem sie davonziehen, kein plötzlicher toller Entschluss, das durch Hunger, Krieg oder Seuchen verheerte Heimatland zu fliehen. Ihre Selbstverbannung ist seit Langem vorbedacht, und die günstigste Stunde wird geduldig abgewartet. Ist der Stock arm und durch Unglück im Königshaus, schlechtes Wetter oder Plünderung geschwächt worden, so wird nicht geschwärmt. Sie verlassen ihre Stadt nur auf dem Gipfel ihres Wohlstands, wenn der mächtige Wachsbau nach harter Frühjahrsarbeit in seinen 120 000 schnurgerade gebauten Zellen prangt und von frischem Honig strotzt oder von jenem bunten Mehl, das zur Auffütterung der Brut dient und Bienenbrot genannt wird.

Nie sieht der Stock schmucker aus als am Tag vor der heroischen Entsagung. Es ist für ihn die Stunde ohnegleichen, die lebensvolle, etwas fieberhafte und doch so heitere Stunde des

Überflusses und der Ausgelassenheit. Versuchen wir ihn uns vorzustellen, nicht wie ihn die Bienen sehen, denn wir ahnen nicht, welche magische und furchtbare Gestalt die Dinge in den sechs- bis siebentausend Facettenaugen annehmen, die sie an der Seite haben, oder in dem dreifachen Zyklopenauge auf ihrer Stirn, sondern so, wie wir ihn sehen würden, wenn wir ihre Größe hätten. Oben von der Wölbung, die noch ungeheurer ist als die des St. Peterdoms in Rom, bis auf den Fußboden herab gehen zahlreiche senkrechte, parallele Riesenmauern, die im Finstern und im Leeren hängen und die man – im Verhältnis gesprochen – wegen ihrer kühnen Bauart, ihrer Genauigkeit und Riesenhaftigkeit mit keinem menschlichen Bauwerk vergleichen kann. Jede dieser Mauern, deren Baustoff noch jungfräulich frisch, silbern, unbefleckt und duftend ist, besteht aus Tausenden von Zellen und enthält Vorräte, von denen das ganze Volk wochenlang leben könnte. Hier und dort leuchten rote, gelbe, schwarze und veilchenfarbene Flecken; es ist Pollen, der befruchtende Blumenstaub der gesamten Frühlingsflora, in durchsichtigen Zellen bewahrt, und ringsherum in schweren, üppigen Goldgewinden mit starren, unbeweglichen Falten der Aprilhonig, der reinste und duftreichste, in zwanzigtausend schon verdeckelten Behältern, die nur in den Tagen der höchsten Not erbrochen werden. Weiter unten reift der Maihonig noch in seinen weit geöffneten Behältern, an deren Rand eine wachsame Schar für ununterbrochenen Luftwechsel sorgt. In der Mitte, fernab vom Licht, dessen Diamantenstrahlen durch die einzige Öffnung dringen, schlummert im wärmsten Teil des Bienenstocks die Zukunft oder beginnt zu erwachen. Es ist dies der Bezirk des Brutraums, in dem die Königin und ihre Mägde hausen, etwa zehntausend Zellen, in denen die Eier ruhen, fünfzehn- oder sechzehntausend, die von den Larven bewohnt sind, und vierzigtausend, in denen die wachsbleichen Nymphen von Tausenden von Pflegerinnen gewartet werden. (Diese Zahlen entsprechen genau einem stark bevölkerten Stock zurzeit der Volltracht.) Endlich im Allerheiligsten des Kinderhimmels drei bis zwölf geschlossene, verhältnismäßig sehr große Weiselzellen, in denen die jungen Prinzessinnen, in eine Art von Leichentuch gehüllt, unbeweglich und bleich ihrer Stunde harren und im Finstern genährt werden.

Dieser noch gestaltlosen Jugend räumt also zu einer gegebenen, vom »Geist des Bienenstocks« genau bestimmten Stunde ein Teil des Volkes das Feld, und auch er ist nach unerschütterlichen, untrüglichen Gesetzen hierzu auserlesen. In der schlafenden Stadt zurück bleiben die Drohnen, aus deren Reihen der königliche Buhle hervorgehen wird, die noch ganz jungen Bienen, die die Brut füttern, und einige Tausend Arbeitsbienen, die nach wie vor eintragen, den aufgehäuften Schatz abschirmen und die moralischen Traditionen des Bienenstocks aufrechterhalten. Denn jeder Bienenstock hat seine besondere Moral. Man findet sehr tugendhafte und sehr verdorbene, und der unvorsichtige Imker kann ein Volk verderben, es die Achtung vor fremdem Besitz verlieren lassen, zum Plündern verleiten, ihm Eroberungsgelüste und Neigung zum Müßiggang beibringen, wodurch es zum Schrecken aller schwachen Völker der Umgegend wird. Er braucht die Bienen nur merken zu lassen, dass die Feldarbeit in den Blumen, von denen Hunderte beflogen werden müssen, um einen Tropfen Honig zu liefern, weder das einzige, noch das bequemste Mittel zum Reichwerden ist, sondern dass es viel leichter ist, durch List in schlecht bewachte Städte oder durch Gewalt in solche einzudringen, deren Bevölkerung zu schwach ist, um sich zu wehren. Sie verlieren bald den Sinn für die glänzende, aber unbarmherzige Pflicht, die sie zu geflügelten Knechten der Blumen im hochzeitlichen Reigen der Natur macht, und es ist zuweilen gar nicht leicht, ein so zuchtlos gewordenes Volk wieder auf den Weg der Pflicht zu bringen.

All das beweist, dass das Schwärmen nicht von der Königin, sondern vom »Geist des Bienenstocks« ausgeht. Mit der Königin ist es wie mit den Führern der Menschen: Sie scheinen zu befehlen und gehorchen doch selbst nur Geboten, die gebieterischer und unerklärlicher sind als die, welche sie ihren Untergebenen erteilen. Wann dieser »Geist« den Augenblick für gekommen hält, muss er wohl schon bei Morgengrauen, ja vielleicht schon am Tag vorher oder zwei Tage vorher bekannt geben, denn kaum hat die Sonne die ersten Tautropfen aufgetrunken, so nimmt man rings um den Bienenstand eine ungewöhnliche Unruhe wahr, über deren Wesen sich der Bienenwirt selten täuscht. Manchmal soll selbst Uneinigkeit, Zaudern und Zurückweichen eintreten. Es kommt sogar vor, dass sich der goldig schimmernde, durchsichtige Schwarm mehrere Tage hintereinander bildet und ohne ersichtlichen Grund wieder verschwindet. Entsteht in diesem Augenblick am Himmel, den die Bienen sehen, eine Wolke, die wir nicht wahrnehmen, oder ein Heimweh in ihrem Geiste? Wird die Notwendigkeit des Aufbruchs in einer geflügelten Ratsversammlung erörtert? Wir wissen davon ebenso wenig, wie wir wissen, auf welche Weise der Geist des Bienenstocks seine Entschließungen bekannt gibt. Wenn es auch feststeht, dass die Bienen sich Mitteilungen machen, so wissen wir doch keineswegs, ob sie dies nach Art der Menschen tun. Dieses honigduftende Summen, dieses trunkene Schwirren an schönen Sommertagen, welches eine der holdesten Freuden für den Bienenvater ist, dieser Hochgesang der Arbeit, der im Kristall der Luft rings um den Bienenstand bald steigt, bald fällt und gleichsam das fröhliche Flüstern des Blumenflors, das Preislied seines Glücks, der Widerhall seiner süßen Düfte ist, sie hören ihn vielleicht nicht einmal. Trotzdem besitzen sie eine ganze Skala von Tönen, die wir selbst unterscheiden können und die von tiefer Seligkeit bis zu Drohung, Zorn und Trübsal reicht, sie besitzen ein Lied auf die Königin, ein hohes Lied des Überflusses und Klagelieder, und endlich stoßen die jungen Prinzessinnen in den Kämpfen und Blutbädern, die dem Hochzeitsausflug vorausgehen, ein lang gezogenes, seltsames Kriegsgeschrei aus. Sind das alles nur Laute von ungefähr, die ihr inneres Schweigen nicht berühren? Um die Geräusche, die wir rings um ihre Wohnungen machen, scheinen sie sich allerdings nicht zu kümmern, aber vielleicht sind sie der Meinung, dass diese Geräusche nicht zu ihrer Welt gehören und für sie keine Bedeutung haben. Wahrscheinlich hören wir unsererseits auch nur einen geringen Teil dessen, was sie sagen, und vielleicht verfügen sie über eine Menge von harmonischen Tönen, die nicht für unsere Organe gemacht sind. Jedenfalls werden wir weiterhin sehen, dass sie sich verständigen können, und zwar mit einer oft wunderbaren Geschwindigkeit, wenn beispielsweise der große Honigdieb, der Totenkopfschmetterling, in den Stock eindringt und dabei von Zeit zu Zeit eine eigentümliche, unwiderstehliche Beschwörungsformel murmelt. Sofort läuft die Kunde von Mund zu Mund und das ganze Volk, von den Wachen am Eingang bis zu den letzten Arbeitsbienen, die auf den fernsten Waben arbeiten, gerät in Schrecken.

Man hat lange gemeint, die klugen Honigwespen, die für gewöhnlich so sparsam, nüchtern und weitblickend sind, gehorchten in dem Augenblick, wo sie die Schätze ihrer Wohnung im Stich lassen, um sich selbst ins Ungewisse hinauszuwagen, einer Art von Wahnsinn und Verhängnis, einem instinktiven Trieb und Gattungsgesetz oder Naturgebot, kurz, jener dunklen Gewalt, der alle in der Zeitlichkeit lebenden Wesen unterworfen sind. Handelt es sich um die Bienen oder um uns selbst, uns scheint alles, was wir noch leicht verstehen, ein Verhängnis. Aber man hat den Bienen heute drei oder vier ihrer materiellen Geheimnisse abgewonnen, und da hat es sich erwiesen, dass dieser Auszug weder instinktiv noch vom Schicksal verhängt ist. Es ist keine blinde Auswanderung, sondern ein anscheinend bewusstes Opfer, welches das lebende Geschlecht dem zukünftigen bringt. Der Bienenzüchter braucht nur die jungen, unausgeschlüpften Königinnen in ihren Zellen zu töten und, wenn viele Larven und Nymphen vorhanden sind, gleichzeitig Honig- und Brutraum des Volkes zu erweitern – und alsbald hört das ganze unfruchtbare Treiben auf, die gewöhnliche Arbeit wird wieder aufgenommen, Honig eingetragen, und die alte Königin, die jetzt unentbehrlich geworden ist und keine Nebenbuhlerinnen zu hoffen oder zu fürchten hat, verzichtet in diesem Jahr auf ein Wiedersehen des Sonnenlichts. Friedlich nimmt sie ihre Mutterpflicht im Finsteren wieder auf und legt methodisch, eine Spirale beschreibend, von Zelle zu Zelle, ohne eine einzige auszulassen, ohne je innezuhalten, jeden Tag zwei- bis dreitausend Eier.

Was wäre in alledem fatalistischer als die Liebe des Volkes von heute zu dem von morgen? Diese Art von Verhängnis findet sich auch in der menschlichen Gattung, wenn auch nicht mit der gleichen Gewalt und Unbedingtheit, denn sie führt bei uns nie zu so großen, einmütigen und vollständigen Opfern. Welchem weit blickenden Fatum, das jenes andere ersetzt, mögen wir gehorchen? Niemand weiß es, denn keiner kennt das Wesen, das uns so ansieht wie wir die Bienen.

Aber der Mensch soll den Gang der Dinge in dem von uns beobachteten Bienenstock nicht unterbrechen, und die feuchte Wärme eines langsam dahinfließenden Sommertags, der seine Strahlen schon unter das Blattwerk sendet, beschleunigt die Stunde des Aufbruchs. Überall in den goldbraunen Gängen, die zwischen den senkrechten Riesenmauern verlaufen, rüsten die Arbeitsbienen sich zur Reise. Eine jede versieht sich mit einem Honigvorrat für fünf bis sechs Tage. Aus diesem Honig bereiten sie durch einen noch nicht recht aufgeklärten chemischen Prozess das zur Ausführung von neuen Bauten unmittelbar erforderliche Wachs. Ferner versehen sie sich mit einer gewissen Menge von Propolis, einer harzigen Substanz, die dazu bestimmt ist, die Spalten und Ritzen der neuen Wohnung zu verkitten, alles, was locker ist, zu befestigen, alle Wände zu firnissen und alles Licht abzublenden, denn sie arbeiten nur in einer fast völligen Dunkelheit, in der sie sich mithilfe ihrer Facettenaugen oder auch ihrer Fühler zurechttasten, denn diese scheinen in der Tat der Sitz eines unbekannten Sinnes zu sein, welcher die Finsternis fühlt und misst.

Sie vermögen also die Ereignisse des gefahrvollsten Tages in ihrem Dasein vorauszusehen. Heute leben sie nur für den großen Akt und die vielleicht wunderbaren Abenteuer, die er mit sich bringt, heute haben sie keine Zeit, in Gärten und Wiesen hinauszuschwärmen, und morgen oder übermorgen kann es vielleicht regnen und stürmen, ihre kleinen Flügel können erstarren und ihre Blumen sich nicht mehr öffnen. Ohne diese Voraussicht wären sie dem Hungertod preisgegeben. Nichts käme ihnen zu Hilfe, und sie würden niemanden um Hilfe bitten. Von Stock zu Stock kennen sie sich nicht und helfen sich nie. Es kommt sogar vor, dass der Bienen-Achter den Bienenstock, in den er die alte Königin und den sie umgebenden Schwarm eingeschlagen hat, dicht neben den eben verlassenen Stock stellt. Welches Unglück sie nun auch trifft, man kann sagen, dass sie seinen Frieden, sein emsiges Glück, seine

Reichtümer und seine Sicherheit unwiderruflich vergessen haben, und dass sie alle, eine nach der anderen bis zur letzten, lieber bei ihrer unglücklichen Königin verhungern, als in ihr Elternhaus zurückzukehren, obschon der Duft seines Überflusses, welches der Duft ihrer verflossenen Arbeit ist, bis in ihre Trübsal herüberdringt.

Das, wird man sagen, würden die Menschen nicht tun; es ist dies ein Beweis dafür, dass hier trotz einer staunenswerten Organisation keine eigentliche Vernunft, kein Bewusstsein vorhanden ist. Was wissen wir davon? Sind wir, ganz abgesehen davon, dass es sehr wohl möglich ist, dass andere Wesen eine andere Vernunft haben als die unsere, eine Vernunft, die sich in ganz anderer Weise äußert, ohne darum minderwertig zu sein – sind wir, die wir nie aus dem engen Kreis des Menschlichen herauskommen, so gute Richter über geistige Dinge? Wir brauchen nur zwei oder drei Personen hinter einem Fenster sprechen und gestikulieren zu sehen, ohne zu hören, was sie sich sagen, und schon wird es uns sehr schwer, den sie leitenden Gedanken zu erraten. Glaubt man etwa, ein Bewohner des Mars oder der Venus, der von einem Berggipfel herab die kleinen schwarzen Punkte, die wir im Raum sind, durch die Straßen und Plätze hin- und herwimmeln sähe, könnte sich aus dem Anblick unserer Bewegungen, unserer Gebäude und Kanäle oder Maschinen eine genaue Vorstellung von unserem Verstand, unserer Moral, unserer Art zu lieben, zu denken und zu hoffen, kurz unserem inneren und wirklichen Wesen machen? Er würde sich damit begnügen, gewisse erstaunliche Tatsachen festzustellen, ganz wie wir es im Bienenstock tun, und daraus würde er wahrscheinlich ebenso unsichere und irrige Folgerungen ziehen wie wir. Auf alle Fälle dürfte es ihm sehr schwerfallen, in den »kleinen schwarzen Punkten« die große moralische Tendenz, das wunderbar einmütige Gefühl zu entdecken, das im Bienenstock zum Ausdruck kommt. »Wohin gehen sie?«, würde er sich fragen, wenn er uns Jahre und Jahrhunderte lang beobachtet hätte. »Was tun sie? Welches ist der Mittelpunkt und der Zweck ihres Lebens? Gehorchen sie irgendeinem Gott? Ich sehe nichts, was ihre Schritte lenkt. Heute scheinen sie allerhand Kleinigkeiten aufzuhäufen und aufzubauen, und morgen zerstören und zerstreuen sie sie. Sie kommen und gehen, sie versammeln sich und gehen auseinander, aber man weiß nicht, was sie eigentlich wollen. Sie bieten allerhand unerklärliche Anblicke. So sieht man zum Beispiel etliche, die sich sozusagen nicht rühren. Man erkennt sie an ihren glänzenderen Gewändern. Oft auch sind sie von größerem Umfang als die, welche ihnen dienen. Ihre Wohnungen sind zehn- oder zwanzigmal so groß, auch zweckmäßiger eingerichtet und reicher als die der anderen. Sie halten darin Tag für Tag Mahlzeiten ab, die stundenlang dauern und sich bisweilen tief in die Nacht erstrecken. Alle, die ihnen näherkommen, scheinen sie außerordentlich zu ehren; aus den Nachbarhäusern wird ihnen Nahrung zugetragen, und vom Lande her strömen sie in Massen herbei, um ihnen Geschenke zu bringen. Man muss wohl glauben, dass sie unentbehrlich sind und ihrer Gattung wesentliche Dienste leisten, wiewohl unsere Forschungen uns noch keinen Aufschluss darüber gegeben haben, welcher Art diese Dienste sind. Dann wieder sieht man andere in großen Häusern, die mit kreisenden Rädern angefüllt sind, in düsteren Schlupfwinkeln an den Häfen, oder auf kleinen Erdgevierten, auf denen sie vom Morgen bis zum Abend herumwühlen, in unaufhörlicher, mühevoller Arbeit. Dies alles führt zu der Vermutung, dass ihre Tätigkeit eine Strafe ist. Man lässt sie in engen, schmutzigen und baufälligen Hütten wohnen. Sie sind mit einem farblosen Stoff bekleidet. Und so groß scheint ihr Eifer bei ihrer schädlichen oder doch zumindest unnützen Tätigkeit, dass sie sich kaum zum Schlafen und zum Essen Zeit gönnen. Auf einen der vorhin genannten kommen ihrer Tausend. Es ist zu bewundern, dass sich die Gattung unter Umständen, die ihrer Entwicklung so ungünstig sind, bis auf diesen Tag erhalten hat. Übrigens muss man hinzusetzen, dass sie, wenn man von dem zähen Eifer absieht, mit dem sie ihr mühevolles Tagewerk betreiben, harmlos und willfährig erscheinen und sich in allem jenen anderen anbequemen, die augenscheinlich die Hüter und vielleicht die Retter der Gattung sind.«

Ist es nicht sonderbar, dass der Bienenstock, den wir aus der Höhe einer anderen Welt nur undeutlich erkennen, uns beim ersten Blick eine tiefe und gewisse Antwort gibt? Ist es nicht wunderbar, dass seine Bauten, seine Sitten und Gesetze, seine soziale und politische Organisation, seine Tugenden und selbst seine Grausamkeiten uns unmittelbar den Gedanken oder Gott offenbaren, dem die Bienen dienen, der weder der unrechtmäßigste noch der vernunftwidrigste ist, den man sich vorstellen kann, wiewohl vielleicht der Einzige, den wir noch nicht ernstlich angebetet haben, nämlich die Zukunft? Wir suchen in unserer Menschheitsgeschichte bisweilen die moralische Kraft und Größe eines Volkes zu bewerten, und wir finden keinen anderen Maßstab als die Dauerhaftigkeit und Größe des von ihm verfolgten Ideals und die Selbstverleugnung, mit der es sich ihm hingibt. Haben wir oft ein Ideal gefunden, das dem Weltall nähersteht, das fester, erhabener, selbstloser und offenkundiger ist und mit einer gänzlicheren und heldenhafteren Selbstverleugnung Hand in Hand geht?

Oh seltsame kleine Republik, so logisch und so ernst, so zweckvoll und so streng durchgeführt, so sparsam und doch einem so großen und ungewissen Traum hingegeben! Oh kleines Volk, so entschlossen und so tief, von Licht und Wärme und allem Reinsten in der Welt genährt, vom Kelch der Blumen, das ist vom sichtbarsten Lächeln der Materie und ihrem rührendsten Streben nach Glück und Schönheit! Wer wird uns sagen, welche Probleme ihr gelöst habt und uns zu lösen aufgebt, welche Gewissheiten ihr erworben habt und uns zu erwerben noch übrig lasst! Und wenn es wahr ist, dass ihr Probleme gelöst, Gewissheiten erlangt habt, indem ihr nicht dem Verstand folgtet, sondern einem blinden und dumpfen Drang: Welches noch unlösbarere Rätsel zwingt ihr uns dann noch zu lösen? Oh kleine Stadt voller Glauben und Hoffen und voller Mysterien, warum wird deinen hunderttausend Jungfrauen eine Aufgabe zuteil, die kein menschlicher Sklave je auf sich genommen hat? Schonten sie ihre Kräfte, dächten sie ein wenig mehr an sich selbst, wären sie etwas weniger eifrig bei der Arbeit, sie sähen einen zweiten Lenz und einen neuen Sommer, und doch scheinen sie in dem großen Augenblick, wo alle Blumen ihnen winken, von einer mörderischen Arbeitslust ergriffen zu werden, und mit geknickten Flügeln, mit eingeschrumpftem, wundenbedecktem Leib finden sie fast alle in weniger als fünf Wochen den Tod.

»Tantus amor florum et generandi gloria mellis«, ruft Vergil, der uns im vierten Buch seiner *Georgica*, das den Bienen gewidmet ist, die holden Irrtümer der Alten überliefert hat, welche die Natur mit einem durch die glänzende Vision des Olymps geblendeten Auge betrachteten.

Warum entsagen sie dem Schlaf, den Wonnen des Honigs, der Liebe und der göttlichen Muße, die doch ihr geflügelter Bruder, der Schmetterling, kennt? Könnten sie nicht leben wie er? Der Hunger ist es nicht, der sie zur Arbeit treibt. Zwei oder drei Blumen genügen zu ihrer Ernährung, und sie befliegen stündlich zwei- oder dreihundert, um einen Schatz aufzuhäufen, dessen Süße sie nie kosten werden. Wozu schaffen sie sich so viel Qual und Mühe, und woher kommt eine solche Entschiedenheit? Es muss also das Geschlecht, für das sie sterben, dieses Opfer wohl verdienen, es muss schöner und glücklicher sein und etwas tun, was sie nicht vermögen? Wir erkennen ihr Ziel, es ist klarer als das unsere, sie wollen in ihren Nachkommen leben, solange die Welt steht: Aber welches ist doch der Zweck dieses großen Ziels und die Aufgabe dieses ewig wiederkehrenden Kreislaufs? – Oder sind wir, die da zweifeln und zaudern, nicht viel eher kindliche Träumer, die unnütze Fragen stellen? Sie könnten von Stufe zu Stufe gestiegen und allmächtig und glückselig geworden sein, sie könnten die letzten Höhen erklommen haben, von denen sich die Naturgesetze beherrschen lassen, sie könnten unsterbliche Göttinnen geworden sein, und wir würden sie immer noch befragen, was sie hofften, wohin sie gingen, wo sie haltzumachen gedächten und sich am Ziel ihrer Wünsche glaubten. Wir sind so geschaffen, dass uns nichts befriedigt, dass uns nichts seinen eigenen Zweck zu haben und einfach, ohne Hintergedanken zu existieren scheint. Haben wir uns bis auf diesen Tag auch nur einen Gott vorstellen können, so dumm oder so vernunftgemäß er auch sein mag, ohne dass wir ihn uns unmittelbar geschäftig und wirkend dachten, ohne dass wir ihn zum Schöpfer einer Menge von Wesen und Dingen machten und tausend Zwecke noch hinter ihm annahmen? Werden wir uns wohl je damit begnügen, einige Stunden lang ruhig eine besondere Form der wirkenden Materie darzustellen, um alsbald ohne Staunen und ohne Bedauern jene andere Form anzunehmen, welches die unbewusste, unbekannte, schlafende, ewige ist?

Indessen vergessen wir unseren Bienenstock nicht, dessen Schwarm die Geduld verliert, unsern Bienenstock, der schon von schwärzlichen, kribbelnden Fluten brodelt und überquillt, wie ein klingendes Gefäß in der Sonnenglut. Es ist Mittag, und man möchte sagen, dass die Bäume ringsum in der brütenden Hitze kein Blättchen bewegen, wie man seinen Atem anhält, wenn man vor etwas sehr Holdem, aber sehr Ernstem steht. Die Bienen schenken dem Menschen Honig und duftendes Wachs, aber was vielleicht mehr wert ist, als Honig und Wachs: Sie lenken seinen Sinn auf den heiteren Junitag, sie öffnen ihm das Herz für den Zauber der schönen Jahreszeit, und alles, woran sie Anteil haben, verknüpft sich in der Vorstellung mit blauem Himmel, Blumensegen und Sommerlust. Sie sind die eigentliche Seele des Sommers, die Uhr der Stunden des Überflusses, der schnelle Flügel der aufsteigenden Düfte, der Geist und Sinn des strömenden Lichts, das Lied der sich dehnenden, ruhenden Luft, und ihr Flug ist das sichtbare Wahrzeichen, die deutliche musikalische Note der tausend kleinen Freuden, die von der Wärme erzeugt sind und im Licht leben. Sie lehren uns die zarteste Stimme der Natur verstehen, und wer sie einmal kennen und lieben gelernt hat, für den ist ein Sommer ohne Bienensummen so unglücklich und unvollkommen wie ohne Blumen und ohne Vögel.

Wer die betäubende und wirre Episode des Schwärmens bei einem starken Bienenvolk zum ersten Male miterlebt, der ist ziemlich außer Fassung und kommt nur furchtsam näher. Er erkennt die friedlichen und ernsten Bienen der Trachtzeit nicht wieder. Noch vor wenigen Minuten sah er sie aus allen vier Winden herbeifliegen, wie kleine emsige Bürgerfrauen, die sich durch nichts von ihren Haushaltungsgeschäften ablenken lassen. Erschöpft, atemlos, hastig und aufgeregt, aber leise, schlüpften sie fast unbemerkt in das Flugloch, und die jungen Wächterinnen am Eingang nickten ihnen im Vorbeikommen mit den Fühlern zu. Kaum wechselten sie die drei oder vier Worte, die wahrscheinlich unerlässlich sind, und übergaben ihre Honigbürde hastig einer der jungen Trägerinnen, die stets im Innenhof der Werkstätte postiert sind, oder sie gingen selbst hinauf und entleerten die zwei schweren Körbe von Blumenstaub, die an ihren Hinterschenkeln hängen, in den geräumigen Speichern, die rings um den Brutraum liegen, um alsbald wieder davonzufliegen, ohne sich darum zu kümmern, was im Laboratorium, im Schlafraum der Nymphen oder im königlichen Palast vorgeht, ohne sich auch nur eine Sekunde in das geschwätzige Treiben des öffentlichen Platzes vor dem Tor zu mischen, wo in den Stunden großer Hitze eine Anzahl von Bienen für Luftzufuhr sorgt, indem sie, eine an der anderen hängend, hin- und herschaukeln, als ob ein Bart im Wind flattert.

Heute bietet sich ein ganz anderes Bild. Eine Anzahl von Arbeitsbienen fliegt allerdings nach wie vor, als wäre nichts geschehen, friedlich aus und ein, reinigt den Stock, klettert zu den Brutzellen hinauf und scheint von der allgemeinen Trunkenheit nicht fortgerissen zu werden. Es sind die, welche die Königin nicht begleiten werden, sondern im alten Heim zurückbleiben, um es zu beschützen, die neun- oder zehntausend Eier, die achtzehntausend Larven, die sechsunddreißigtausend Nymphen und sieben oder acht Prinzessinnen, die allein zurückbleiben, zu pflegen und zu ernähren. Sie werden zu dieser schweren Aufgabe auserkoren, ohne dass man wüsste wie noch durch wen und nach welchem Gesetz. Doch sind sie diesem Gesetz fest und unverbrüchlich treu, und wiewohl ich mehrmals das Experiment gemacht habe, eines dieser selbstverleugnenden Aschenbrödel, die man an ihrem ernsten und bedächtigen Wesen leicht aus dem schwärmenden Volke herauskennt, mit einem Farbstoff zu bestäuben, so habe ich doch nur selten eine von ihnen in der trunkenen Menge des Schwarms wiedergefunden.

Und doch scheint der Reiz unwiderstehlich. Es ist der Wonne-taumel des – vielleicht unbewussten – gottverordneten Opfers, das Honigfest, der Sieg der Rasse und der Zukunft, es ist der einzige Tag der Freude, des Vergessens und der Ausgelassen-heit, es ist der einzige Sonntag der Bienen. Und anscheinend auch der einzige Tag, wo sie nur für ihren Hunger essen, wo sie die ganze Süße des von ihnen aufgespeicherten Schatzes emp-finden. Sie sind wie freigelassene Gefangene, die sich plötz-lich ins Land der Freiheit und des Überflusses versetzt sehen. Sie frohlocken, sie sind nicht mehr Herr ihrer selbst; sie, die nie eine unangebrachte oder unnötige Bewegung machen, sie kommen und gehen, fliegen ein und aus, und das immer wie-der, um ihre Mitschwestern anzufeuern, um nachzusehen, ob die Königin bereit ist, um ihre Ungeduld zu betäuben. Sie flie-gen höher, als es sonst der Fall ist, und das Laub der großen Bäume rings um den Bienenstand bebt von ihrem Schwirren. Sie kennen keine Furcht und Sorge mehr. Sie sind nicht mehr wild, schnüfflerisch, argwöhnisch, reizbar, heftig und unbän-dig. Der Mensch, der unbekannte Herr, den sie nie anerken-nen, und der ihrer nur dadurch Herr wird, dass er sich allen ihren Arbeitsgewohnheiten anpasst, alle ihre Gesetze achtet und Schritt für Schritt der Spur folgt, die ihr stets auf die Zu-kunft gerichteter Sinn, ihr durch nichts zu trübender, durch nichts von seinem Ziele abzulenkender Verstand dem Leben aufdrückt – der Mensch kann sich ihnen nähern, kann den brausenden, kreisenden Schleier zerreißen, in den sie ihn gol-dig und sanft einhüllen, er kann sie in die Hand nehmen, sie einzeln abpflücken, wie Weinbeeren von der Traube; sie sind ebenso sanft, ebenso harmlos, wie ein Schwarm Libellen oder Nachtfalter. Sie sind an diesem Tag glücklich, obwohl sie nichts mehr besitzen, sie blicken vertrauensvoll in die Zukunft, und wenn man sie nicht von ihrer Königin trennt, die diese Zukunft in sich trägt, fügen sie sich in alles und verletzen niemand.

Aber das eigentliche Zeichen ist noch nicht gegeben. Im Bienenstock herrscht eine unbegreifliche Aufregung und eine anscheinend durch nichts zu erklärende Unordnung. Sonst scheinen die Bienen, wenn sie heimgekehrt sind, zu vergessen, dass sie Flügel haben, und jede Einzelne sitzt nahezu unbeweglich, wenn auch nicht untätig, auf den Waben, und zwar an dem Fleck, der ihr durch die Art ihrer Arbeit zugewiesen ist. Jetzt fliegen sie wie unsinnig in dichten Ketten an den Seitenwänden hinauf und hinunter, wie ein bebender Teig, der von einer unsichtbaren Hand geknetet wird. Die Temperatur im Innern steigt jäh, oft so weit, dass der Wachsbau weich wird und sich zerdehnt. Die Königin, welche den Brutraum sonst nie verlässt, läuft aufgeregt und kopflos durch die Oberfläche der brausenden Masse, die sich gleichsam um sich selbst dreht. Geschieht dies zur Beschleunigung oder zur Verzögerung des Aufbruchs? Befiehlt sie oder bittet sie? Verbreitet sie die wunderbare Aufregung oder unterliegt sie ihr? Nach dem, was wir von der Psychologie der Bienen im Allgemeinen wissen, scheint es ziemlich erwiesen, dass das Schwärmen allemal gegen den Willen der alten Königin stattfindet. Im Grunde ist die Königin in den Augen der asketischen Arbeitsbienen, welche ihre Töchter sind, das unentbehrliche und geheiligte, aber auch ein wenig geistesschwache und oft kindliche Organ der Liebe. Sie behandeln sie darum auch wie eine Mutter, die unter Vormundschaft steht. Sie besitzen eine grenzenlose Verehrung und heldenmütige Anhänglichkeit gegen sie. Ihr bleibt der reinste, besonders geläuterte und fast restlos verdauliche Honig vorbehalten. Sie hat ein Gefolge von Trabanten oder Liktoren, wie Plinius sagt, eine Leibwache, die Tag und

Nacht über sie wacht, ihr die mütterliche Arbeit erleichtert, die Zellen zum Eierlegen bereitmacht, sie pflegt, liebkost, ernährt, reinigt, ja, selbst ihre Exkremente auffrisst. Wenn ihr das Geringste zustößt, verbreitet sich die Kunde durch das ganze Volk; alles umdrängt sie und klagt. Wenn man einem Stock die Königin nimmt und die Bienen auf einen Ersatz nicht hoffen können, sei es, dass sie keine königliche Nachkommenschaft hinterlassen hat, sei es, dass keine Larven von Arbeitsbienen im Alter von weniger als drei Tagen vorhanden sind (denn jede Arbeitsbienenlarve unter drei Tagen kann durch besondere Ernährung in eine Königinnenlarve verwandelt werden; das ist das große demokratische Prinzip des Bienenstocks, welches die Vorrechte der mütterlichen Abkunft kompensiert), – wenn man, sage ich, unter diesen Verhältnissen einem Stock die Königin nimmt und ihr Fehlen bemerkt wird –, es vergehen oft zwei bis drei Stunden, ehe alle Bienen es wissen, so groß ist ihre Stadt, – so ruht alsbald fast jede Arbeit, die Brut wird im Stich gelassen, ein Teil des Volkes irrt im Stock umher und sucht nach seiner Mutter, ein anderer fliegt aus und sucht sie da, die Ketten der Arbeitsbienen, die mit dem Wachsbau beschäftigt waren, zerreißen und lösen sich auf, die Honigsucherinnen befliegen ihre Blumen nicht mehr, die Schildwachen am Eingang verlassen ihren Posten, und die fremden Räuber und Honigschmarotzer, die stets auf unverhoffte Beute lauern, kommen und gehen, ohne dass jemand daran denkt, den mühsam erworbenen Schatz zu verteidigen. Allmählich verarmt und verödet der Stock, und seine trostlosen Bewohnerinnen sterben bald vor Trübsal und Elend, wiewohl der Sommer ihnen alle seine Blüten öffnet.

Gibt man ihnen ihre Königin aber wieder, ehe ihr Verlust ihnen zur vollendeten, unumstößlichen Tatsache geworden ist, ehe die Demoralisation zu sehr um sich gegriffen hat – denn die Bienen sind wie die Menschen; Unglück und Verzweiflung brechen mit der Zeit ihren Charakter und trüben ihren Verstand –, gibt man ihnen die Königin nach einigen Stunden wieder, so bereiten sie ihr einen außerordentlich rührenden Empfang. Alle umdrängen sie und rotten sich zusammen, klettern übereinander hinweg und liebkosen sie im Vorbeilaufen mit ihren langen Fühlhörnern, die noch manche unaufgeklärten Organe enthalten, bieten ihr Honig dar und geleiten sie im Gedränge bis zu den königlichen Gemächern. Sofort ist die Ordnung wiederhergestellt und die Arbeit wird wieder aufgenommen, von den innersten Waben des Brutraums bis zu den abgelegensten Vorbauten, in denen der Überfluss der Ernte gespeichert wird; die Honigsucherinnen fliegen in schwarzen Fäden hinaus und kehren oft schon drei Minuten danach mit Nektar und Blütenstaub beladen heim; die Räuber und Schmarotzer werden vertrieben oder umgebracht, die Gänge gesäubert, und der Stock ertönt wieder von dem sanften und eintönigen, eigentümlich freudigen Summen, welches gleichsam das Hohelied auf die Gegenwart der Königin ist.

Es gibt tausend Beispiele für diese unbedingte Treue und Hingebung der Arbeitsbienen an ihre Königin. Bei fast allen Missgeschicken dieser kleinen Republik, wenn einzelne Tafeln oder der ganze Bau durch menschliche Rohheit oder Unwissenheit zerstört werden, wenn das Volk durch Kälte, Hungersnöte oder Krankheiten dahingerafft wird, bleibt die Königin fast immer wohlbehalten, und man findet sie lebend unter den Leichen ihrer treuen Töchter. Denn alle beschützen sie, erleichtern ihr die Flucht und schirmen sie mit ihrem eigenen Leib ab, sparen für sie die bekömmlichste Nahrung und die letzten Honigtropfen. Und solange sie am Leben ist, mag das Missgeschick noch so groß sein, die Verzweiflung bleibt der Stadt der Jungfrauen fern. Man mag ihnen zwanzig Mal hintereinander die

Waben zertrümmern, die Brut und die Lebensmittel nehmen, man macht sie doch nicht irre an der Zukunft. Mögen sie gezehntet, halb verhungert sein und kaum noch so viele Überlebende zählen, dass sie ihre Mutter vor den Augen des Feindes verbergen können, sie werden doch die Ordnung im Bau wieder herstellen, werden so schnell wie möglich für Vorräte sorgen und sich nach den neuen Ansprüchen ihrer unglücklichen Lage die Arbeit teilen. Und sie werden diese Arbeit mit einer Geduld, einem Eifer, einer Umsicht und Beharrlichkeit verrichten, die man in der Natur nicht oft findet, obgleich die Mehrzahl ihrer Bewohner mehr Mut und Zuversicht zu entwickeln pflegt als der Mensch.

Um der Verzweiflung vorzubeugen und die Arbeitslust wach zu erhalten, bedarf es nicht einmal des Vorhandenseins einer Königin: genug, wenn diese bei ihrem Scheiden die entfernteste Hoffnung auf Nachkommenschaft zurücklässt. »Wir haben«, sagt der ehrwürdige Langstroth, einer der Väter der modernen Bienenzucht, »ein Volk gesehen, das nicht Bienen genug zählte, um eine Fläche von zehn Quadratzentimetern zu bedecken, und doch suchte es eine Königin zu erziehen. Zwei volle Wochen gab es die Hoffnung nicht auf; endlich, als die Bienen auf die Hälfte reduziert waren, kroch die Königin heraus, aber ihre Flügel waren so schwach, dass sie nicht fliegen konnte. Aber trotz ihrer Ohnmacht behandelten ihre Bienen sie nicht weniger ehrerbietig. Eine Woche darauf war nur noch ein Dutzend Bienen übrig und einige Tage später war die Königin verschwunden, einige verzweifelte Überlebende auf den Waben zurücklassend.«

Noch eine Tatsache, die der Mensch in seiner unerhörten tyrannischen Einmischung an diesen unglücklichen, aber unerschütterlichen Heldinnen erprobt hat, ein Experiment, an dem sich die letzte Gebärde der kindlichen Liebe und Selbstverleugnung beobachten lässt. Ich ließ mir mehrmals aus Italien geschwängerte Königinnen kommen, wie dies jeder Bienenfreund tut, denn die italienische Rasse ist besser, kräftiger und fruchtbarer, sie ist emsiger und von sanfterer Gemütsart als die einheimischen. Man verschickt sie in kleinen durchlöcherten Kästen, gibt ihnen etwas Nahrung und einige Arbeitsbienen mit, die nach Möglichkeit aus den höheren Altersstufen gewählt sind. (Das Alter der Bienen erkennt man ziemlich leicht an ihrem glatteren, mageren, fast kahlen Leib und vor allem an ihren abgenutzten und durch die Arbeit beschädigten Flügeln.) Diese Begleiterinnen haben die Aufgabe, sie zu ernähren, zu pflegen und während der Reise zu bewachen. In vielen Fällen kommt eine Reihe davon tot an, in einem Fall waren sogar alle verhungert. Aber hier wie dort war die Königin unversehrt und kräftig, und die letzte ihrer Gefährtinnen war wahrscheinlich umgekommen, indem sie ihrer Herrin, der Verkörperung eines kostbareren und herrlicheren Lebens, als es das eigene war, den letzten Honigtropfen gegeben hatte, den sie in der Tiefe ihrer Honigblase aufgespart hatte.

Die Erkenntnis dieser unverbrüchlichen Hingebung hat dem Menschen den Weg gewiesen, wie er den wunderbaren politischen Sinn der Bienen, ihre Arbeitslust, ihre Beharrlichkeit, Hochherzigkeit und Liebe zur Zukunft, die aus dieser Hingebung hervorgehen oder darin inbegriffen sind, zu seinem Vorteil zu benutzen hat. Durch sie ist es ihm seit einigen Jahren gelungen, die wilden Bienen, ohne dass sie es ahnen, bis zu einem gewissen Grade zu zähmen; denn sie weichen keiner fremden Gewalt und noch in ihrer unbewussten Knechtschaft dienen sie nur ihren eigenen Gesetzen. Der Mensch kann glauben, dass er mit der Königin die Seele und das Geschick des Schwarms in Händen hält. Je nachdem er sie verwendet, je nachdem er sozusagen mit ihr spielt, kann er beispielsweise das Schwärmen hervorrufen oder verhüten, künstliche Schwärme schaffen, Schwärme vereinigen oder teilen und die Auswanderung der Völker regeln. Die Königin ist im Grunde eine Art von lebendigem Symbol, das, wie alle Symbole, ein weniger sichtbares und allgemeineres Prinzip vertritt, und der Imker muss sich dessen wohl bewusst werden, wenn er sich nicht mancherlei Misserfolgen aussetzen will. Übrigens täuschen sich die Bienen keineswegs über ihre Königin und verlieren nie aus den Augen, dass hinter ihrer sichtbaren und kurzlebigen Gebieterin eine höhere, beharrende, geistige Macht steht, das ist ihr beherrschender Gedanke. Ob dieser Gedanke bewusst oder unbewusst ist, darauf kommt es nur dann an, wenn wir die Bienen, die ihn haben, oder die Natur, die ihn in sie gelegt hat, insbesondere bewundern wollen. Wo er aber auch seinen Sitz hat, dieser beherrschende Gedanke, in den kleinen zarten Bienenleibern oder in dem großen unerkennbaren Weltkörper, er ist unserer Beachtung wert, und wenn wir uns, nebenbei gesagt, davor hüteten, unsere Bewunderung gewohnheitsmäßig von örtlichen Nebenumständen abhängig zu machen, oder von der Herkunft eines Dings, so würden wir nicht so oft die Gelegenheit versäumen, unsere Augen voll Bewunderung zu öffnen, denn nichts ist heilsamer, als sie so zu öffnen.

Vielleicht wird man sagen, dass dies sehr gewagte und allzu menschliche Annahmen sind, dass die Bienen wahrscheinlich keinen Gedanken dieser Art haben und dass die Begriffe Zukunft, Liebe zur Rasse und viele andere, die wir ihnen andichten, im Grunde nichts weiter sind als die Formen, welche der Selbsterhaltungstrieb, die Furcht vor Schmerz und Tod oder der Lustreiz bei ihnen annehmen. Ich gebe zu, dass dies alles nur eine Ausdrucksweise ist, und darum messe ich ihm auch keinen allzu großen Wert bei. Das Einzige, was in diesem Fall – wie in allen anderen Fällen – sicher feststeht, ist die Tatsache, dass die Bienen unter den und den Verhältnissen sich gegenüber ihrer Königin so und so benehmen. Der Rest ist ein Mysterium, über das man nur Vermutungen anstellen kann, die mehr oder weniger annehmbar, mehr oder weniger zutreffend sind. Aber wenn wir von den Menschen so sprächen, wie es vielleicht klug wäre, von den Bienen zu sprechen, hätten wir dann wohl das Recht, mehr zu sagen? Auch wir gehorchen nur den Notwendigkeiten des Lebens, dem Lustreiz oder der Furcht vor Schmerz und Tod, und was wir unseren Verstand nennen, das hat den gleichen Ursprung und den gleichen Zweck wie das, was wir bei den Tieren Instinkt nennen. Wir vollziehen gewisse Akte, deren Folgen wir zu kennen meinen, wir unterliegen ihnen und reden uns ein, sie besser zu durchschauen, als es tatsächlich der Fall ist; aber abgesehen davon, dass diese Annahme durchaus nicht unanfechtbar dasteht, sind solche Akte unerheblich und im Vergleich mit der Unzahl der Übrigen selten, und alle, die bestbekannten und unbekanntesten, die kleinsten und die gewaltigsten, vollziehen sich in einer undurchdringlichen Nacht, in der wir fast ebenso blind sind wie nach unserer Meinung die Bienen.

Man muss gestehen, sagt Buffon, der gegen die Bienen eine höchst spaßhafte Abneigung hat, »man muss gestehen, dass diese Tiere einzeln genommen weniger Witz haben als der Hund, der Affe und die meisten anderen Wesen. Man muss gestehen, dass sie weniger gelehrig und anhänglich sind und weniger Gemüt, kurz, weniger menschenähnliche Eigenschaften besitzen, und ferner, dass ihr anscheinender Verstand nur von ihrer vereinigten Masse kommt. Doch setzt diese Vereinigung selbst keinerlei Verstand voraus, denn sie vereinigen sich keineswegs aus moralischen Absichten, sie finden sich ohne ihre Einwilligung zusammen. Ihr ›Staat‹ ist also nur eine physische Versammlung, von der Natur angeordnet und ohne irgendwelche Bewusstheit und Überlegung entstanden. Die Königin gebiert zehntausend Stück auf einmal und am nämlichen Fleck, also müssen diese zehntausend Stück, auch wenn sie noch tausendmal stumpfsinniger sein mögen, als ich annehme, sich um der bloßen Lebenserhaltung willen irgendwie zusammentun, und da sie alle miteinander mit denselben Kräften ausgerüstet sind, so müssen sie gerade durch den Schaden, den sie sich anfangs etwa tun, bald dahin kommen, sich möglichst wenig zu schaden, das heißt, sich zu helfen; sie erwecken infolgedessen den Anschein eines Einvernehmens und eines gemeinsamen Ziels; wer sie beobachtet, wird ihnen also leicht Absichten und den Geist, der ihnen gerade fehlt, unterschieben, er wird bemüht sein, für jede Handlung eine Ursache zu entdecken, jede Bewegung wird bald einen Beweggrund haben, und daraus werden dann Vernunft-Ungeheuer oder Wundertiere ohnegleichen; denn diese zehntausend Stück, die alle zugleich zur Welt gekommen sind, die zusammen gewohnt haben und fast alle zugleich die Metamorphose durchgemacht haben, können nicht umhin, alle dasselbe zu tun und, wenn sie auch noch so wenig Gemüt haben, die gleichen Gewohnheiten anzunehmen, sich die Arbeit zu teilen und in dieser Gemeinschaft sich wohlzufühlen, sich um ihre Wohnung zu kümmern, nach dem Ausflug wieder zurückzukehren und so fort. Daher kommt auch die Architektur, die Geometrie, die Ordnung, die Voraussicht und Heimatliebe, mit einem Wort: die Republik und das, wie man sieht, auf der Bewunderung des Beobachters beruhende Ganze.«

Diese Art, unsere Bienen zu erklären, ist freilich eine ganz andere. Sie kann auf den ersten Blick als natürlicher erscheinen, aber sollte sie nicht gerade, weil sie so einfach klingt, gar nichts erklären? Ich übergehe die sachlichen Irrtümer der eben zitierten Worte; aber wenn man sagt, sie passten sich, indem sie sich möglichst wenig schadeten, den Notwendigkeiten des gemeinsamen Lebens an, setzt man dann nicht eine gewisse Intelligenz voraus, und zwar eine, die umso beträchtlicher erscheinen muss, je genauer man zusieht, auf welche Weise diese »zehntausend Stück« sich zu schaden vermeiden und sich zu helfen wissen? Ist das nicht ebenso gut unsere eigene Geschichte, die der ärgerliche alte Naturforscher da erzählt, und lässt sie sich nicht ganz genau auf alle unsere menschlichen Gesellschaften anwenden? Unsere Weisheit, unsere Tugenden, unsere Politik sind weiter nichts als die Früchte der herben Notwendigkeit, die unsere Einbildungskraft vergoldet hat; sie haben keinen anderen Zweck, als unsere Selbstsucht nutzbar zu machen und die ursprünglich schädliche Tätigkeit der Einzelwesen zum gemeinsamen Heil zu wenden. Und dann, um es noch einmal zu sagen: Wenn man den Bienen jeden Gedanken, jedes Gefühl abspricht, das wir ihnen zugeschrieben haben: Was liegt uns schließlich dann an dem Gegenstand unserer Bewunderung? Wenn man es für unvernünftig hält, die Bienen zu bewundern, so können wir ja die Natur bewundern; es wird immer ein Augenblick kommen, wo man uns unsere Bewunderung nicht mehr rauben kann, und wir werden dann nichts verloren haben, weil wir warteten und zurückwichen.

Wie dem aber auch sei, und um unsere Annahme nicht fallen zu lassen, denn sie hat wenigstens den Vorzug, gewisse, mit der Wirklichkeit in Beziehung stehende Tatsachen auch in unserem Geist in Beziehung zu setzen, so ist es unstreitig weit mehr das unendliche Fortbestehen ihrer Rasse, was die Bienen in ihrer Königin anbeten, als die Königin selbst. Die Bienen sind keineswegs empfindsam, und wenn eine von ihnen mit so schweren Verletzungen von der Arbeit heimkommt, dass sie für andauernd arbeitsunfähig erachtet werden muss, so wird sie ohne Erbarmen verjagt. Und doch kann man nicht sagen, dass sie jeder persönlichen Anhänglichkeit an ihre Mutter bar sind. Sie erkennen sie unter allen anderen heraus. Selbst wenn sie alt, elend und gelähmt ist, werden die Wachen am Eingang keiner unbekannten Königin Einlass gewähren, so jung, schön und fruchtbar sie auch scheinen mag. Es ist dies freilich einer der Fundamentalgrundsätze ihrer Polizei, und nur in der großen Trachtzeit wird er zugunsten einiger fremden Arbeitsbienen aufgegeben, vorausgesetzt, dass diese mit Vorräten wohl beladen sind. – Wird sie schließlich völlig unfruchtbar, so wird sie ersetzt, indem eine gewisse Zahl von jungen Königinnen erzogen wird. Was aber geschieht mit der alten Herrin? Man weiß es nicht genau, aber es begegnet dem Bienenzüchter bisweilen, dass er auf den Waben eines Bienenstocks eine prachtvolle Königin in der Blüte ihres Alters findet, und ganz im Grunde in einer dunklen Ecke die alte »Herrin«, wie sie in der Normandie heißt, abgemagert und gelähmt. Wie es scheint, haben sie sie in diesem Fall bis zuletzt gegen den Hass ihrer jugendstarken Rivalin geschützt, die ihren Tod will, denn die Königinnen haben stets einen unbezwinglichen Abscheu voreinander und stürzen aufeinander los, sobald zwei unter demselben Dach vereinigt sind. Man ist also zu der Annahme geneigt, dass sie der alten Königin eine Art von friedlichem und bescheidenem Alterssitz in einem entfernten Eckchen des Stocks sichern, wo sie ihre Tage in Frieden beschließen kann. Es ist dies eines der tausend Wunder des Wachskönigreichs, und wir können wieder einmal feststellen, dass die Politik und die Lebensgewohnheiten der Bienen nichts Fatalistisches und Engherziges an sich haben, und dass sie vielen weit verborgeneren Gesetzen gehorchen, als wir zu kennen wähnen.

Aber wir kreuzen alle Augenblicke die Naturgesetze, die den Bienen unerschütterlich erscheinen müssen. Wir versetzen sie alle Tage in die Lage, in der wir uns selbst sehen würden, wenn jemand plötzlich die Gesetze der Schwerkraft, des Lichts und des Todes aufhöbe.

Was werden sie beispielsweise tun, wenn man dem Stock durch List oder Gewalt eine zweite Königin beisetzt? Von Natur ist dieser Fall nie eingetreten, seit Bienen leben, dafür sorgen die Wachen am Eingang. Sie verlieren den Verstand indes nicht, sondern wissen die zwei Grundsätze, die sie wie Göttergebote zu achten scheinen, in einer wunderbaren Weise zu vereinigen. Der eine dieser Grundsätze ist der der ungeteilten Mutterschaft einer Königin, ein unverbrüchlicher Grundsatz, außer wenn die herrschende Königin unfruchtbar ist (und auch in diesem Fall nur ganz ausnahmsweise). Der zweite ist noch sonderbarer, denn wenn er auch nicht übertreten werden darf, so lässt er sich sozusagen doch beugen. Es ist dies das Prinzip der Unverletzlichkeit jeder königlichen Person. Es wäre den Bienen ein Leichtes, die Eingedrungene mit ihren tausend Giftstacheln zu durchbohren, sie würde auf der Stelle tot sein und sie hätten ihren Leichnam nur aus dem Bau zu schaffen. Aber obwohl ihr Stachel stets kampfbereit ist, obwohl sie ihn jeden Augenblick gebrauchen, um innere Zwistigkeiten auszufechten, die Drohnen oder Schmarotzer des Bienenstocks zu töten, so gebrauchen sie ihn nie gegen eine Königin, ebenso wie die Königin den ihren nie gegen Menschen, Tiere oder Arbeitsbienen zückt: Sie zieht ihre königliche Waffe, die nicht gerade ist, wie bei den Arbeitsbienen, sondern gekrümmt wie ein Türkensäbel, nur im Kampf mit ihresgleichen, das heißt gegen eine andere Königin.

Keine Biene wagt also, wie es scheint, einen unmittelbaren, blutigen Königsmord auf sich zu nehmen, und so suchen sie in allen Fällen, wo Ordnung und Gedeihen ihrer Republik den Tod der einen Königin erheischen, diesem Tod den Anschein eines natürlichen zu geben: Sie teilen das Verbrechen in tausend Teile, und so wird es anonym.

Sie schließen dann die Eingedrungene in einem dichten Knäuel ein und bilden eine Art von lebendem Kerker um sie, in dem sie sich nicht rühren kann, bis sie nach vierundzwanzig Stunden verhungert oder erstickt ist. Erscheint inzwischen aber die rechtmäßige Königin und wagt den Kampf gegen die Nebenbuhlerin, so öffnen sich alsbald die lebendigen Kerkerwände, die Bienen ziehen sich zurück und schließen um die beiden Gegnerinnen einen Kreis, ohne sich an dem Kampf zu beteiligen. Aufmerksam, aber unparteiisch verfolgen sie diesen eigentümlichen Zweikampf, denn nur eine Mutter darf den Stachel gegen eine Mutter erheben, und nur die, welche zwei Millionen Leben in ihren Weichen birgt, scheint das Recht zu haben, mit einem Streich zwei Millionen zu töten. Wenn aber der Kampf unentschieden bleibt, wenn die zwei gekrümmten Stachel an den schweren Chitinpanzern machtlos abgleiten, so wird die, welche Miene macht zu fliehen, die rechtmäßige sowohl wie die fremde, ergriffen und wieder in den lebenden Kerker eingeschlossen, bis sie die Absicht kundgibt, den Kampf von Neuem aufzunehmen. Es muss übrigens noch hinzugefügt werden, dass bei den zahlreichen Versuchen dieser Art die regierende Königin fast immer Siegerin bleibt, sei es, dass sie im Gefühl, zu Hause zu sein, mehr Wagemut und Kraft hat als die andere, sei es, dass die Bienen nur im Augenblick des Kampfs unparteiisch, hingegen in der Art, wie sie die beiden Rivalinnen einschließen, ziemlich parteiisch sind, denn ihre Mutter scheint unter ihrer Einkerkerung keineswegs zu leiden, aber die Fremde geht fast immer sichtlich gelähmt und zerquetscht daraus hervor.

Ein einfaches Experiment zeigt besser als alles andere, dass die Bienen ihre Königin wiedererkennen und eine wirkliche Anhänglichkeit zeigen. Nimmt man einem Bienenstock die Königin, so sieht man bald all die Kundgebungen der Unruhe und Trübsal eintreten, die ich in einem früheren Kapitel beschrieben habe. Lässt man nach einigen Stunden dieselbe Königin wieder ein, so kommen alle ihre Töchter ihr huldigend entgegen und bieten ihr Honig dar. Die einen bilden Spalier vor ihr, die anderen »präsentieren« in großen unbeweglichen Halbkreisen um sie herum, das heißt, sie senken den Kopf, halten den Hinterleib hoch und schwirren dabei in eigentümlich zitternder Weise mit den Flügeln. Dieses sonderbare Gebaren ist der Ausdruck ihrer Freude über die glückliche Heimkehr und bedeutet in ihrem Hofzeremoniell anscheinend feierliche Verehrung oder höchstes Wohlbehagen. Aber man glaube nicht, man könnte sie täuschen und statt der rechtmäßigen Königin eine fremde einführen. Wenn diese kaum einige Schritte vorwärts gemacht hat, so laufen die Arbeitsbienen von allen Seiten entrüstet zusammen. Sie wird auf der Stelle umringt, in das furchtbare Getümmel des Schwarms eingekerkert und darin gefangen gehalten, bis sie stirbt, denn in diesem besonderen Fall kommt es fast nie vor, dass sie lebend entrinnt.

Es ist darum auch sehr schwierig für den Bienenzüchter, Königinnen zu ersetzen. Es ist eigentümlich zu sehen, zu welchen Kniffen und komplizierten Listen der Mensch greifen muss, um seinen Willen durchzusetzen und diese kleinen klugen, aber stets im besten Glauben lebenden Insekten irrezuführen, die mit rührendem Mut die unverhofftesten Ereignisse annehmen und offenbar nichts anderes in ihnen sehen als eine neue unvermeidliche Laune der Natur. Auf jeden Fall zählt der Mensch bei all seiner List und bei der trostlosen Verwirrung, die er mit seinen gewagten Manövern oft anrichtet, immer wieder auf den wunderbaren praktischen Sinn der Bienen, auf den unerschöpflichen Schatz ihrer Gesetze und merkwürdigen Gewohnheiten, auf ihre Ordnungs- und Friedensliebe, ihren Gemeinsinn, ihre Treue gegenüber der Zukunft, ihre Charakterfestigkeit und ihren so selbstlosen Ernst, vor allem aber auf ihre unermüdliche Pflichterfüllung. Doch die Einzelheiten dieses Verfahrens gehören in das Gebiet der eigentlichen Bienenzucht und würden hier zu weit führen.[4]

Was aber die persönliche Anhänglichkeit betrifft, mit der ich hier zu Ende kommen möchte, so scheint es gewiss, dass sie vorhanden ist, ebenso gewiss aber, dass sie nicht lange im Gedächtnis bleibt, und wenn man eine Mutter, die mehrere Tage verschwunden war, wieder in ihr Reich einsetzen will, so wird sie von ihren erbitterten Kindern derart behandelt, dass man sich beeilen muss, sie der tödlichen Einkerkerung zu entziehen, welche das Los der fremden Königinnen ist. Denn sie haben inzwischen Zeit gehabt, ein Dutzend Zellen für Arbeitsbienen in solche für Königinnen umzubauen, und die Zukunft des Volkes steht nicht mehr auf dem Spiel. Ihre Anhänglichkeit nimmt also in dem Maße zu oder ab, inwieweit die Königin diese Zukunft vertritt. So sieht man, wenn eine Königin die gefährliche Zeremonie des Hochzeitsausfluges vollzieht, ihre Untertanen häufig so besorgt, sie möchte verloren gehen, dass sie sie auf diesem tragischen Liebesflug, von dem ich später sprechen werde, begleiten. Das tun sie aber nie, wenn man ihnen ein Stück Zellenbau gegeben hat, der junge Brutzellen enthält, weil sie dann die Aussicht haben, andere Mütter aufzuziehen. Die Anhänglichkeit kann sogar in Wut und Hass umschlagen, wenn ihre Herrin nicht alle ihre Pflichten gegen jene abstrakte Gottheit erfüllt, die man die künftige Gesellschaft nennen könnte und die sie höher zu verehren scheinen als wir. So hat man die Königin möglicherweise aus verschiedenen Gründen am Schwärmen gehindert, indem man ein Gitter am Flugloch anbrachte, durch das die dünnen und gelenken Arbeitsbienen ahnungslos hindurchschlüpften, während die arme Sklavin der Liebe mit ihrem beträchtlich schwereren und umfangreicheren Körper nicht hindurch konnte. Beim ersten Ausflug merkten die Bienen, dass sie ihnen nicht gefolgt war, kehrten in die alte Wohnung zurück und stießen, drängten und misshandelten die unglückliche Gefangene, die sie ohne Zweifel der Trägheit anklagten oder für etwas geistesschwach hielten, auf eine sehr unzweideutige Weise. Beim zweiten Ausflug schien ihr böser Wille festzustehen, der Zorn wuchs und die Ausschreitungen wurden ernster. Endlich beim dritten Ausflug waren sie der Meinung, dass sie ihrem Los und der Zukunft der Rasse für immer untreu geworden war, und verurteilten sie zum Tod in dem königlichen Gefängnis.

Man sieht, dieser Zukunft ist alles mit einer Voraussicht, einer Einstimmigkeit, einer Unbeugsamkeit und Geschicklichkeit im Auslegen und Benutzen der Umstände untergeordnet, dass man vor Bewunderung starr ist, wenn man bedenkt, wie unverhofft und übernatürlich unser Eingreifen den Bienen erscheinen muss. Man wird vielleicht sagen, dass sie in diesem Fall das Unvermögen der Königin, ihnen zu folgen, sehr schlecht deuten. Aber würden wir viel hellsichtiger sein, wenn ein anders gearteter Verstand in Verbindung mit einem so riesenhaften Körper, dass seine Bewegungen fast ebenso unfasslich sind, wie die einer Naturerscheinung, sich das Vergnügen machte, uns Fallen gleicher Art zu stellen? Haben wir nicht einige Tausend Jahre gebraucht, um eine einigermaßen annehmbare Erklärung für den Blitzstrahl zu finden? Jeder Intellekt ist mit Langsamkeit geschlagen, wenn er aus seiner eng begrenzten Wirkungssphäre heraustritt und sich Vorgängen gegenübersieht, zu denen er nicht den Anstoß gegeben hat. Außerdem ist nicht gesagt, dass die Bienen, wenn man das Experiment mit dem Gitter fortsetzen und verallgemeinern würde, nicht schließlich doch dahinterkämen und einen Ausweg fänden.

Sie haben schon manch anderes Experiment begriffen und das bestmögliche Teil dabei erwählt, beispielsweise das Experiment mit den beweglichen Waben oder das mit den Aufsätzen, wo man sie zwingt, ihren überschüssigen Honig in die kleinen amerikanischen Honigkästen zu tragen, oder endlich das außerordentliche Experiment mit den Kunstwaben, wo die Zellen nur durch einen dünnen Wachsumriss angedeutet sind und die Bienen sofort die Nützlichkeit begreifen und diese sorgfältig ausbauen, ohne Stoff und Arbeitskraft zu verlieren. Finden sie nicht unter allen Verhältnissen, die sich ihnen in Gestalt einer von einem böswilligen und hinterlistigen Gott gestellten Falle darstellen müssen, stets die beste und einzig menschliche Lösung? Um nur einen ganz naturgemäßen, aber abnormen Fall zu erwähnen: Wenn eine Schnecke oder Maus in den Stock gerät oder darin umkommt – was werden sie wohl tun, um den Kadaver loszuwerden, der alsbald ihre ganze Wohnung verpesten würde? Wenn es ihnen nicht möglich ist, den Eindringling hinauszujagen oder zu zerstückeln, so schließen sie ihn methodisch in ein hermetisches Grabmal aus Wachs und Propolis ein, das unter den gewöhnlichen Bauten der Stadt einen bizarren Eindruck macht. Letztes Jahr fand ich in einem meiner Bienenstöcke ein Konglomerat von drei solchen Grabhügeln, die wie die Zellen des Wachsbaus nur durch eine gemeinsame Mittelwand getrennt waren, um möglichst viel Wachs zu sparen. Die klugen Totengräberinnen hatten sie über den Leichen dreier Schnecken errichtet, welche ein Kind in ihre Behausung hineingesteckt hatte. Gewöhnlich begnügen sie sich bei Schnecken damit, die Öffnung des Gehäuses mit Wachs zu verkleben. Aber hier, wo die Schale mehr oder weniger zerbrochen oder rissig war, hatten sie es für klüger gehalten, das Ganze zu begraben, und um den Eingang nicht zu verstopfen, hatten sie in dieser den Weg versperrendem Masse eine Anzahl von Gängen angebracht, die genau der Körpergröße der Drohnen angepasst waren, welche zweimal so groß sind wie die Bienen. Dies und der folgende Fall erlauben wohl die Annahme, dass sie eines Tages dahinterkommen könnten, warum die Königin ihnen durch das Gitter nicht folgen kann. Sie haben einen ganz ausgeprägten Sinn für Proportionen und den nötigen Spielraum, dessen ein Körper zu seiner Bewegung bedarf. In den Gegenden, wo der Totenkopfschmetterling *(Acherontia atropos)* häufig ist, errichten sie am Flugloch ihrer Stöcke kleine Wachssäulen, zwischen denen der nächtliche Räuber seinen dicken Leib nicht hindurchzwängen kann.

Aber genug davon, ich hätte erst gar nicht damit angefangen, wenn es gälte, alle Beispiele zu erschöpfen. Um jedoch die Rolle und Lage der Königin noch einmal zusammenzufassen, so kann man sagen, dass sie das sklavische Herz des Schwarms ist, während die Arbeitsbienen den Verstand darstellen. Sie ist die Alleinherrscherin, aber auch die königliche Magd, die gefangene Hüterin und die verantwortliche Vertreterin der Liebe. Ihr Volk dient ihr und verehrt sie, ohne darüber zu vergessen, dass es nicht ihrer Person Untertan ist, sondern der von ihr erfüllten Aufgabe und Bestimmung. Man wird schwerlich ein menschliches Gemeinwesen finden, dessen Plan und Anlage einen so beträchtlichen Teil der Wünsche und Sehnsüchte unseres Planeten erfüllt, eine Gesellschaft, deren Glieder eine größere und vernünftigere Unabhängigkeit genießen, und wo andererseits eine unerbittlichere und zweckmäßigere Unterordnung herrscht, wo die Opfer härter und unbedingter sind. Man glaube nicht, dass ich diese Opfer ebenso bewunderte wie ihre Resultate. Es wäre augenscheinlich zu wünschen, dass diese Resultate mit weniger Leid und Selbstaufopferung zu erreichen wären. Stimmt man dem Prinzip aber einmal bei – und vielleicht will die Vernunft unseres Erdballs dieses Prinzip –, so ist seine Durchführung jedenfalls bewundernswert. Mag für die Menschen eine andere Wahrheit gelten oder nicht, im Bienenstock wird das Leben jedenfalls nicht als eine Reihe von mehr oder minder angenehmen Stunden angesehen, die man sich nur so weit verbittern und verdüstern darf, als zu seiner Erhaltung unerlässlich ist, sondern als eine große gemeinsame Pflicht, die auf eine von Weltbeginn an ewig zurückweichende Zukunft gerichtet ist. Jedes Individuum verzichtet hier auf mehr als auf sein halbes Glück und seine halben Rechte. Die Königin entsagt dem Tageslicht, den Blumenkelchen und der süßen Freiheit, die Arbeitsbienen entsagen der Liebe, fünf oder sechs Lebensjahren und dem Mutterglück. Die Königin sieht ihr Hirn zugunsten der Zeugungsorgane auf ein Nichts zusammenschrumpfen und die Arbeitsbienen sehen diese Organe auf Kosten ihres Intellekts verkümmern. Es wäre unrecht, zu behaupten, dass der Wille an diesen Verzichtleistungen keinen Anteil hat. Die Arbeitsbiene ist zwar nicht Herrin ihres eigenen Geschicks, aber sie bestimmt das Schicksal aller Nymphen ihrer Umgebung, die ihre mittelbaren Töchter sind. Wir haben gesehen, dass aus jeder Larve, wenn sie königlich ernährt oder untergebracht wird, eine Königin entstehen kann, und wenn man umgekehrt die Ernährung einer königlichen Larve ändert und ihre Zelle verkleinert, würde eine Arbeitsbiene daraus hervorgehen. Diese geheimnisvollen Wahlen finden jeden Tag in dem goldbraunen Schatten des Bienenstocks statt. Sie geschehen nicht auf gut Glück, sondern eine Klugheit, deren tiefehrlichen Ernst nur der Mensch missbrauchen kann, eine allzeit wachsame Weisheit, die sich von allem Rechenschaft ablegt, was außerhalb und innerhalb des Stockes vor sich geht, lenkt sie in ihren Entschließungen. Tritt ein unverhoffter Blumenreichtum ein, wird die Königin alt oder lässt ihre Fruchtbarkeit nach, wird es dem Schwarm

infolge starker Vermehrung zu eng in seinen Wänden, so entstehen alsbald Königinnenzellen. Dieselben Zellen können
aber wieder abgetragen werden, wenn die Ernte nicht hält,
was sie versprach, oder wenn der Bienenstock größer geworden ist. Sie werden oft nicht zerstört, solange die junge Königin ihren Hochzeitsausflug noch nicht – oder noch nicht
erfolgreich – ausgeführt hat, aber dies geschieht sofort, sobald sie heimgekehrt ist und das untrügliche Zeichen ihrer
Befruchtung wie eine Trophäe hinter sich herschleppt. Wo
befindet sich diese Weisheit, die Gegenwart und Zukunft so
gewissenhaft abwägt und für die das noch nicht Sichtbare
mehr in die Waage fällt, als alles, was man sehen kann? Wo
hat sie ihren Sitz, diese unpersönliche Klugheit, die da entsagt und wählt, erhöht und erniedrigt, die so viele Bienen zu
Königinnen machen könnte und aus so vielen Müttern ein
Volk von Jungfrauen erzieht? Wir sagten weiter oben, dass
sie im Geist des Bienenstocks zu suchen sei, aber wo ist dieser Geist schließlich zu finden, wenn nicht in der Masse der
Arbeitsbienen? Vielleicht war es, um sich zu überzeugen, dass
er hier seinen Sitz hat, nicht nötig, die Sitten und Gebräu-
che dieses republikanischen Königreichs so aufmerksam zu
studieren. Es genügte, wie Dujardin, Brandt, Girard, Vogel
und andere Entomologen es getan haben, den etwas leeren
Hirnschädel der Königin und den prächtigen Drohnenkopf,
an dem zwanzigtausend Augen glänzen, neben dem kleinen,
undankbaren und kümmerlichen Kopf der jungfräulichen
Arbeitsbiene unter das Mikroskop zu legen. Wir würden alsdann gesehen haben, dass sich in diesem kleinen Köpfchen
das größte und vollkommenste Schädelmark des ganzen Gemeinwesens windet, ja, selbst das schönste, komplizierteste
und nächst dem des Menschen auch das vollkommenste in
der ganzen Natur, wenngleich es auf einer ganz anderen Stufe
steht und ganz anders beschaffen ist.[5] Hier wie überall in der

uns bekannten Welt ist da, wo das Gehirn liegt, der Sitz der Autorität, der wirklichen Kraft, der Weisheit und des Sieges. Auch hier findet sich ein fast unsichtbares Atom jener geheimnisvollen Substanz, welche die Materie unterjocht und organisiert und den ungeheuren, trägen Gewalten des Nichts und des Todes ein gesichertes, dauerhaftes Plätzchen abzuringen weiß.

Doch kehren wir zu unseren schwärmenden Bienen zurück, die nicht auf das Ende dieses Exkurses gewartet haben, um das Zeichen zum Aufbruch zu geben. In dem Augenblick, wo dieses Zeichen gegeben wird, scheinen sich alle Tore der Stadt mit einem Mal zu öffnen, wie von einem plötzlichen, irren Stoß, und die schwarze Menge strömt oder vielmehr stürzt heraus, je nach der Anzahl der Öffnungen in einem doppelten, dreifachen oder vierfachen, geraden, straffen, zitternden und ununterbrochenen Strahl, der sich alsbald in der Luft zu einem summenden Netz von hunderttausend wildschwirrenden, durchsichtigen Flügeln zerteilt. Einige Minuten schwebt dieses Netz über dem Bienenstock wie ein durchsichtiges, knisterndes Seidengewebe, das tausend und abertausend elektrisch bewegte Hände unaufhörlich zerreißen und wieder zusammenfügen; es schwankt hin und her, stockt und wallt von Neuem zwischen den Blumen der Erde und dem Blau des Himmels auf und nieder, wie ein Schleier der Freude, den unsichtbare Hände beständig schwenken, zusammenraffen und wieder entfalten, als feierten sie die Ankunft oder das Scheiden eines hohen Gastes. Endlich senkt sich einer der Zipfel, ein anderer hebt sich, die vier sonnenglänzenden Enden des schimmernden Mantels stoßen zusammen, und wie ein Zaubertuch im Märchen, das den Horizont durchsegelt, um irgendwelche Wünsche zu erfüllen, steigt der Schwarm, bereits wieder geballt, zum nächsten Linden-, Birnen- oder Weidenbaum auf, um die heilige Trägerin der Zukunft wieder mit seinen Leibern zu bedecken, Denn die Königin hat sich dort bereits angesetzt, wie ein goldener Nagel, an den sich nun die brausenden Wellen des Schwarms eine nach der anderen anhängen, bis ringsherum sich ein flügelglänzender Perlenmantel schlingt.

Dann wird es plötzlich still, und das laute Brausen dieser sonnenverfinsternden Wolke, die aus unendlichem Zorn und unzähligen Drohungen gewebt schien, der betäubende Goldhagel, der unaufhörlich über der ganzen Umgebung schwebte und tönte, verwandelt sich eine Minute darauf zu einer großen, harmlosen und friedlichen Traube von tausend und abertausend kleinen, lebenden Beeren, die unbeweglich an einem Baumzweig hängt und geduldig auf die Rückkehr der Spürbienen wartet, die eine neue Wohnung auskundschaften.

Es ist dies das erste Stadium des Schwärmens, der sogenannte erste oder Hauptschwarm, der immer die alte Königin bei sich hat. Er legt sich gewöhnlich an einem Baum oder Busch in nächster Nähe des Bienenstocks an, denn die Königin ist mit ihren Eiern beschwert und hat das Licht seit ihrem Hochzeitsausflug oder dem vorjährigen Schwärmen nicht mehr erblickt, deshalb zaudert sie noch, sich dem weiten Luftmeer anzuvertrauen, ja, sie scheint den Gebrauch ihrer Flügel verlernt zu haben.

Der Bienenzüchter wartet, bis der Schwarm sich recht zusammengeballt hat. Dann geht er mit einem großen Strohhut auf dem Kopf (denn die harmloseste Biene macht unweigerlich Gebrauch von ihrem Stachel, sobald sie sich in die Haare verirrt, wo sie sich jedenfalls in einer Falle wähnt), aber ohne Bienenhaube, sofern er Erfahrung besitzt, und nachdem er die Arme bis an den Ellenbogen in kaltes Wasser getaucht hat, auf den Schwarm zu und schüttelt ihn von dem Ast, an dem er hängt, in einen umgestülpten Bienenkorb. Die Traube fällt schwer hinein wie eine reife Frucht. Oder wenn der Ast zu stark ist, schöpft er den Klumpen mit einem Löffel auf und schüttet die vollen Löffel wie Getreide, wohin er will. Er braucht die Bienen, die um ihn herumsummen und ihm auf Gesicht und Händen herumkriechen, nicht zu fürchten. Vernimmt er doch ihr trunkenes Lied, den sogenannten Schwarmgesang, das ihrem zornigen Summen ganz unähnlich ist. Er braucht nicht zu fürchten, dass der Schwarm sich teilt, wütend wird, sich zerstreut oder entschlüpft. Wie ich schon sagte, haben die geheimnisvollen Arbeiterinnen heute ihren Festtag und sind voll unwandelbaren Zutrauens. Sie haben sich von dem unter ihrer Obhut stehenden Schatz losgerissen und kennen ihre Feinde nun nicht mehr. Sie sind harmlos vor Glückseligkeit, und man weiß nicht, warum sie so glücklich sind – erfüllen sie doch nur das Gesetz. Aber alle Wesen kennen diese Stunden blinden Glücks, welche die Natur für solche Augenblicke aufspart, wo sie ihr Ziel erreichen will. Wundern wir uns nicht, dass sie die Betrogenen sind! Auch wir mit unserm vollkommeneren Gehirn, das sie seit vielen Jahrhunderten beobachtet, werden von ihr zum Besten gehalten und wissen noch nicht einmal, ob sie wohlwollend, gleichgültig oder niedrig grausam ist.

Der Schwarm bleibt da, wohin die Königin gefallen ist, und wenn sie allein in den Bienenkorb gefallen ist, so ziehen alle Bienen, sobald sie dies merken, in langen, schwarzen Fäden auf das mütterliche Obdach zu, die meisten hastig eindringend, andere wiederum an der Schwelle des unbekannten Tors stutzend und jenen Reigen feierlicher Freude bildend, mit dem sie glückliche Ereignisse zu begrüßen pflegen. Sie »präsentieren«, wie der Kunstausdruck lautet. Im Nu wird der unerwartete Unterkunftsort angenommen und bis in seine kleinsten Schlupfwinkel untersucht, seine Lage, Form und Farbe vermerkt und in die tausend kleinen, klugen und treuen Gedächtnisse eingegraben. Die Merkzeichen der Umgebung werden sorgsam eingeprägt, die neue Stadt mit ihrem Platz im Geist und im Herzen aller Bewohnerinnen gegründet, und bald erschallt in ihren Mauern das Liebeslied der königlichen Gegenwart, während die Arbeit beginnt.

Wenn der Mensch den Schwarm nicht pflückt, so ist seine Geschichte hier noch nicht zu Ende. Er bleibt an seinem Ast hängen, bis die zur Rekognoszierung und zum Quartiermachen ausgesandten Spürbienen, die sich von Anbeginn des Schwärmens an nach allen Windrichtungen zerstreut haben, um eine neue Wohnung zu suchen, sich wieder eingefunden haben. Eine nach der anderen kehrt zurück und berichtet, was sie gefunden hat, denn da wir nicht imstande sind, in das Denken der Bienen einzudringen, so müssen wir uns das Schauspiel, dem wir beiwohnen, wohl auf menschliche Weise erklären. Es ist also wahrscheinlich, dass man ihren Meldungen aufmerksam lauscht. Die eine rühmt gewiss einen hohlen Baumstamm, die andere die Vorteile einer alten Mauerspalte, einer Felsenhöhle oder einer verlassenen Grube. Oft geschieht es, dass der Schwarm zaudert und bis zum nächsten Morgen berät. Endlich wird die Wahl getroffen und die Einstimmigkeit erzielt. In einem bestimmten Augenblick beginnt der Schwarm zu kribbeln, sich zu zerteilen und mit ungestümem, andauerndem Flug, der jetzt kein Hindernis mehr kennt, über Hecken, Getreide- und Leinfelder, Heuschober und Teiche, Flüsse und Ortschaften hinweg in gerader Linie einem bestimmten und jedes Mal sehr entfernten Ziel entgegenzufliegen. Selten kann der Mensch ihnen auf diesem zweiten Teil ihres Flugs folgen. Sie kehren zur Natur zurück, und wir verlieren die Spur ihres Schicksals.

3

DIE STADTGRÜNDUNG

Sehen wir indes zu, was der Schwarm in der von dem Imker dargebotenen Behausung macht, und zunächst gedenken
wir des Opfers, das die fünfzigtausend Jungfrauen gebracht
haben, die nach Ronsards Wort »Ein edles Herz in kleinem
Leibe tragen«. Bewundern wir noch einmal den Mut, dessen
es bedarf, um in der Wüste, in die sie gefallen sind, das Leben fortzusetzen. Sie haben die vorratsreiche, prächtige Stadt
verlassen, in der sie geboren sind, wo das Leben so gesichert,
so wundervoll organisiert war, wo der Saft aller Blumen, die
der Sonne entgegenblühen, dem Dräuen des Winters zu spotten erlaubte. Tausend und abertausend kleine Töchter, die sie
nie wieder sehen werden, haben sie in ihren Wiegen schlum-
mernd zurückgelassen. Sie haben außer dem riesigen Schatz
von Wachs, Propolis und Blütenstaub, den sie aufgehäuft
hatten, mehr als hundertundzwanzig Pfund Honig im Stich
gelassen, das bedeutet mehr als das zwölffache Gewicht des
ganzen Volkes und das sechsmal hunderttausendfache jeder
Biene, was für den Menschen zweiundvierzigtausend Tonnen
Lebensmittel vorstellen würde – eine ganze Flotte von großen
Lastschiffen, mit kostbareren und vollkommeneren Lebens-
mitteln beladen, als die, welche wir kennen, denn der Honig
ist für die Bienen eine Art von Lebenselixier und Nahrungs-
saft, der unmittelbar und fast restlos verdaulich ist.

Hier in der neuen Wohnung ist nichts vorhanden, kein

Tropfen Honig, kein Wachsstreifen, kein Merkzeichen und kein Stützpunkt. Es ist die trostlose Nacktheit eines riesenhaften Bauwerks, das nur Dach und Mauern hat. Die glatten, kreisrunden Wände bergen nur Finsternisse, und die riesige Wölbung droben rundet sich über der großen Leere. Aber die Biene kennt kein unnötiges Heimweh, jedenfalls hält sie sich damit nicht auf. Kaum ist der Bienenkorb wieder aufgerichtet und an seinen Platz gestellt, kaum die Betäubung und Verwirrung des geräuschvollen Falls etwas gewichen, so sieht man in der kribbelnden Masse eine sehr reinliche und ganz unerwartete Scheidung eintreten. Die große Mehrzahl der Bienen beginnt wie ein Heer, das einem bestimmten Befehl gehorcht, in dichten Reihen an den Seitenwänden des Gebäudes hochzuklettern. In der Kuppel angelangt, krallen die Ersten sich mit ihren Vorderfüßen darin fest, die Folgenden an den Hinterfüßen der Ersten und so weiter, bis lange Ketten entstehen, die der nachdrängenden Menge als Brücke dienen. Allmählich vermehren, verstärken und verschränken sich diese Ketten und es entstehen Girlanden, die durch den fortwährenden Aufstieg der Massen schließlich in einen dicken, dreieckigen Vorhang übergehen, oder besser in einen kompakten Kegel, dessen Spitze im höchsten Punkt der Kuppel hängt, während die Basis sich bis zur Hälfte oder drei Viertel der Gesamthöhe des Bienenkorbs herabzieht. Hat die letzte Biene, die sich durch eine innere Stimme zu dieser Gruppe berufen fühlt, den im Dunkeln hängenden Vorhang erreicht, so hört das Klettern auf, jede Bewegung erstirbt allmählich, und der seltsame Kegel wartet Stunde um Stunde in einem geradezu andachtsvollen Schweigen und in einer schier erschreckenden Unbeweglichkeit auf das Mysterium der Wachsbildung.

Während dieser Zeit prüft der Rest der Bienen, das heißt, alle im unteren Teil des Bienenkorbs Zurückgebliebenen, das Gebäude und unternimmt die notwendigen Arbeiten, ohne sich irgendwie an der Bildung des wunderbaren Vorhangs zu beteiligen, in dessen Falten die Wundergabe herabzuträufeln beginnt, und ohne sich auch nur versucht zu fühlen, dabei mitzuwirken. Sorgsam säubern sie den Fußboden und tragen welke Blätter, Hälmchen und Sandkörner Stück für Stück hinaus, denn der Reinlichkeitssinn der Bienen geht bis zum Wahnsinn, und wenn sie mitten im Winter zur Zeit der großen Fröste allzu lange verhindert sind, den »Reinigungsausflug« zu unternehmen, wie der Imker es nennt, so gehen sie lieber massenhaft an grässlichen Unterleibsleiden zugrunde, als dass sie den Stock besudelten. Nur die Drohnen sind unverbesserlich unsauber und beschmutzen schamlos die Waben, auf denen sie sitzen, und die Arbeitsbienen sind dann gezwungen, hinter ihnen rein zu machen. Ist das Säubern beendigt, so beginnen die Bienen derselben profanen Gruppe, die sich an dem in einer Art von Ekstase herabhängenden Kegel nicht beteiligt, die Innenwände ihrer gemeinsamen Wohnung sorgfältig zu verkitten. Alle Spalten werden untersucht und mit Propolis zugestopft und die Wände von oben bis unten gefirnisst. Die Torwache wird eingesetzt, und bald fliegt eine Anzahl von Arbeitsbienen aus, um Nektar und Pollen einzutragen.

Ehe wir den geheimnisvollen Vorhang lüften, unter dem die Grundmauern der eigentlichen Wohnung gelegt werden, versuchen wir doch einmal, uns klarzumachen, welche Intelligenz unser Völkchen von Auswanderern entwickeln muss, welches Augenmaß und welcher Fleiß nötig sind, um das neue Obdach wohnlich zu machen, den Stadtplan im Leeren zu entwerfen und in Gedanken den Platz für die einzelnen Gebäude festzulegen, die so sparsam und so schnell wie möglich erbaut werden müssen, denn die Königin hat es eilig mit dem Eierlegen und setzt die ersten bereits auf den Boden. Es ist in diesem Labyrinth der verschiedensten, bisher nur in der

Vorstellung bestehenden Bauten, die durchaus nach keinem Schema errichtet werden können, sowohl den Gesetzen der Ventilation, wie denen der Haltbarkeit und Stabilität Rechnung zu tragen; die Widerstandskraft des Wachses, die Art der zu speichernden Lebensmittel, die Bequemlichkeit der Zugänge, die Lebensgewohnheiten der Königin, die gewissermaßen vorherbestimmte, weil organisch zweckmäßigste Verteilung der Vorratshäuser und Wohnräume, der Straßen und Durchgänge und viele andere Fragen, deren Aufzählung hier zu weit führen würde, sind zu bedenken.

Nun aber ist die Form der Wohnungen, die der Mensch den Bienen anbietet, die denkbar verschiedenste; sie wechselt vom hohlen Baumstamm oder der Tonröhre, die in Asien und Afrika noch im Gebrauch ist, und von der klassischen Strohglocke, die in einem Gebüsch von Monatsrosen und Sonnenblumen im Gemüsegarten oder unter den Fenstern der meisten unserer Bauernhöfe steht, bis zu den wirklichen Werkstätten der modernen Mobilzucht, wo sich oft mehr als hundertfünfzig Kilogramm Honig in drei oder vier Wabenstockwerken übereinander in einem herausnehmbaren Rahmen befinden, der das Ausschleudern der Waben mit einer Honigschleuder und das Wiedereinsetzen derselben gestattet, ganz als ob man in einer wohl geordneten Bibliothek ein Buch nach Benutzung wieder an seinen Platz stellt.

Laune oder Erwerbssinn des Menschen schlägt den Schwarm also eines Tages in die eine oder andere dieser recht ungleichen Wohnungen ein, und es ist nun Sache des kleinen Insekts, sich darin zurechtzufinden, Pläne zu modifizieren, die eigentlich unveränderlich sein sollten, und in diesem ungewohnten Raum die Lage des Wintersitzes zu bestimmen, der innerhalb der Zone der von dem halberstarrten Volk noch erzeugten Wärme liegen muss; endlich muss der Brutraum seinen richtigen Platz haben, er darf, wenn kein Unglück geschehen soll, weder zu hoch noch zu tief, weder zu nahe am Flugloch noch zu weit davon entfernt sein. Der Schwarm kommt beispielsweise aus einem umgestürzten hohlen Baumstumpf, der nur einen langen, engen Gang bildete, und nun sieht er sich in einer Wohnung, die turmhoch ist und deren Dach sich im Finstern verliert. Oder, um uns in sein gewöhnliches Erstaunen zu versetzen: Er war seit Jahrhunderten daran gewöhnt, unter dem Strohdach unserer ländlichen Bienenwohnungen zu hausen, und nun sperrt man ihn in eine Art Wandschrank oder großen Kasten, der drei- oder viermal größer ist als sein Elternhaus, in ein Durcheinander von Rahmen, die bald parallel, bald senkrecht zum Flugloch übereinander hängen und alle Wandflächen des Baus mit einem Netz von Gerüsten bedecken.

Und doch gibt es keinen Fall, wo ein Schwarm die Arbeit verweigert hätte, wo er sich durch die Seltsamkeit der Umstände hätte verwirren oder entmutigen lassen, vorausgesetzt, dass die ihm dargebotene Wohnung nicht schlecht riecht oder wirklich unbewohnbar ist. Aber selbst in diesem Fall tritt keine Entmutigung und Bestürzung oder Pflichtverweigerung ein: Der Schwarm verlässt dann einfach die ungastliche Stätte und sucht sich anderswo etwas Besseres. Ebenso wenig lässt sich sagen, dass man die Bienen je habe veranlassen können, eine sinnlose und unzweckmäßige Arbeit zu verrichten. Man hat nie festgestellt, dass die Bienen den Kopf verloren und nicht gewusst hätten, welchen Entschluss sie fassen sollten, dass sie planlose, missratene oder überflüssige Bauten unternommen hätten. Man schüttle sie in eine Hohlkugel, einen Trichter, eine Pyramide, einen ovalen oder eckigen Korb, eine Röhre oder eine Spirale, und man besuche sie einige Tage später, vorausgesetzt, dass sie die Wohnung angenommen haben, so wird man sehen, dass diese seltsame Vielheit von kleinen, selbstständig denkenden Köpfen sich unmittelbar geeinigt und nach einer Methode, deren Grundsätze unwandelbar, deren Folgen jedoch lebendig sind, den günstigsten und oft den einzig brauchbaren Punkt der sonderbaren Wohnung ohne Zaudern gewählt hat.

Wenn man sie in einen der oben genannten großen Kastenstöcke bringt, so beachten sie die darin befindlichen Rahmen nur insoweit, als sie ihnen zum Ausgangs- und Stützpunkt beim Bau ihrer Waben dienen, und das ist schließlich auch ganz verständlich, da die Wünsche und Absichten des Menschen ihnen ja gleichgültig sind. Wenn der Bienenzüchter aber den oberen Rand einiger Rahmen mit einem schmalen Wachsstreifen versehen hat, so begreifen sie sogleich den Vorteil, der in dieser angefangenen Arbeit liegt, bauen den Streifen sorgsam aus und führen den angedeuteten Plan mit eigenem Wachs zu Ende. Desgleichen – und der Fall tritt bei dem intensiven Betrieb von heute häufig ein –, wenn alle Rahmen des Stocks, in den man den Schwarm eingeschlagen hat, von oben bis unten mit angefangenen Kunstwaben bedeckt sind, so fangen sie keinen Zeit und Wachs vergeudenden Neubau an, sondern sie nehmen die Gelegenheit wahr, das begonnene Werk weiterzuführen, und bauen die eingepressten Zellenansätze bis zur Normaltiefe fertig, wobei sie übrigens an Stellen, wo die künstliche Wabe von der akkuraten Senkrechten abweicht, ihre Korrektur vornehmen. Auf diese Weise besitzen sie in mehr als einer Woche eine ebenso prächtige und wohlgebaute Stadt, wie die eben verlassene, während sie, auf sich allein angewiesen, zwei oder drei Monate gebraucht hätten, um dasselbe Gewirr von Speicherräumen und weißen Wachshäusern aufzuführen.

Dieses Anpassungsvermögen scheint die Grenzen des »Instinkts« doch merklich zu überschreiten. Überdies ist nichts willkürlicher als dieses Unterscheiden zwischen Instinkt und

Intellekt. Sir John Lubbock, der über Ameisen, Wespen und Bienen ganz persönliche und sonderbare Beobachtungen gemacht hat, ist vielleicht infolge einer unbewussten und etwas ungerechten Vorliebe für die Ameisen, die er am genauesten beobachtet hat – denn jeder Beobachter will, dass das von ihm studierte Insekt intelligenter und bemerkenswerter sei als die anderen, und man tut wohl daran, sich vor solchen kleinen Anwandlungen von Eigenliebe zu hüten –, Sir John Lubbock, sage ich, ist sehr geneigt, der Biene jedes Unterscheidungsvermögen und jede Überlegung abzusprechen, sobald es sich nicht um ihre gewöhnlichen Arbeiten handelt. Als Beweis gibt er ein Experiment, das jeder leicht wiederholen kann. Man tue in eine Wasserflasche ein halbes Dutzend Fliegen und ebenso viele Bienen, lege die Flasche waagrecht und drehe ihren Boden dem Zimmerfenster zu. Die Bienen werden sich stundenlang abquälen, einen Ausgang durch den Glasboden zu finden, bis sie schließlich vor Erschöpfung und Hunger sterben, während die Fliegen in weniger als zwei Minuten zur entgegengesetzten Seite durch den Flaschenhals entschlüpft sind. Sir John Lubbock schließt daraus, dass die Fliege viel mehr Geschick besitzt, sich aus der Verlegenheit zu ziehen und ihren Weg zu finden. Dieser Schluss scheint nicht einwandfrei. Man wende bald den Boden, bald den Flaschenhals dem Licht zu, zwanzigmal, wenn man will, und die Bienen werden sich zwanzigmal umdrehen und dem Licht entgegenfliegen. Was sie in dem Experiment des englischen Gelehrten herabsetzt, ist ihre Liebe zum Licht und ihr Verstand selbst. Sie bilden sich augenscheinlich ein, dass die Befreiung aus jedem Gefängnis auf der Lichtseite liegt, sie handeln also ganz folgerichtig, nur zu folgerichtig. Sie wissen nichts von dem übernatürlichen Mysterium, das für sie das Glas ist, diese plötzlich undurchdringliche Luft, die es in der freien Natur nicht gibt und die ihnen umso unverständlicher sein muss, je intelligenter sie sind. Die hirnlosen Fliegen, die sich um die Logik, den Ruf des Lichts und das Wunder des Kristalls nicht kümmern, schwirren planlos in der Flasche herum, bis sie schließlich mit dem Glück der Einfältigen, die sich oft da retten, wo die Weisheit verdirbt, in den guten Flaschenhals geraten, der sie befreit.

Derselbe Naturforscher gibt noch einen anderen Beweis ihres mangelhaften Verstandes, indem er sich auf den großen amerikanischen Bienenzüchter, den ehrwürdigen und väterlichen Langstroth beruft. »Da die Fliege«, sagt Langstroth, »nicht dazu geschaffen ist, von Blumen, sondern von Dingen zu leben, in denen sie leicht ertrinken könnte, so setzt sie sich vorsichtig auf den Rand von Gefäßen, die eine flüssige Nahrung enthalten, und saugt klüglich daraus, während die arme Biene sich kopfüber hineinstürzt und bald darin umkommt. Das traurige Geschick ihrer Mitschwestern hält die anderen nicht ab: Sobald sie sich derselben Lockspeise nähern, setzen sie sich wie wahnsinnig auf Leichen und Sterbende, um alsbald ihr trauriges Los zu teilen. Niemand kann ihren Wahnsinn ganz ermessen, wenn er nicht gesehen hat, mit welcher nimmersatten Gier sie scharenweise in die Zuckersiedereien eindringen. Ich habe gesehen, wie Tausende aus dem Zuckersaft herausgezogen werden, in dem sie ertrunken waren, Tausende auf den siedenden Zucker sich setzen; der Boden war mit Bienen bedeckt und die Fenster von ihnen verdunkelt; die einen krochen, die anderen flogen, wieder andere waren so vollständig verkleistert, dass sie weder kriechen noch fliegen konnten; nicht eine von zehn war imstande, die verderbliche Beute heimzutragen, und doch war die Luft voll von Myriaden von Neuankömmlingen, die ebenso unsinnig waren.«
Auch dies erscheint mir nicht entscheidender als für einen übermenschlichen Beobachter, der die Grenzen unseres Ver-

standes feststellen will, der Anblick der Alkoholverwüstungen unter den Menschen oder eines Schlachtfelds. Die Biene ist uns gegenüber in einer seltsamen Lage; sie ist geschaffen, um in der gleichgültigen und unbewussten Natur zu leben, und nicht an der Seite eines Ausnahmewesens, das die festesten Gesetze rings um sie erschüttert und großartige, unbegreifliche Erscheinungen hervorruft. In der Natur, im eintönigen Waldleben wäre der von Langstroth beschriebene Wahnsinn nur dann möglich, wenn ein honigstrotzender Bau durch irgendeinen Zufall auseinanderbräche. Aber dann gäbe es keine tödlichen Fenster, keinen kochenden Zucker, keinen dicken Sirup, und folglich auch keine Toten und keine anderen Gefahren als die, welche jedem Beute machenden Tier drohen.

Würden wir unsere Kaltblütigkeit besser bewahren als sie, wenn eine unbekannte Gewalt unsere Vernunft auf Schritt und Tritt auf die Probe stellte? Es ist für uns also sehr schwer, die Bienen zu beurteilen, die wir selbst toll machen, und deren Verstand nicht dafür gerüstet ist, unsere Fallen zu meiden, ebenso wenig wie der unsere dafür gerüstet ist, der Listen eines heutigen Tages unbekannten, aber nichtsdestoweniger doch möglichen, höheren Wesens zu spotten. Da wir es nicht kennen, schließen wir daraus, dass wir den Gipfel dieses Erdenlebens erklommen haben, aber im Ganzen genommen ist das nicht unbestreitbar. Ich verlange nicht, dass wir uns bei ungereimten oder niedrigen Handlungen, die wir tun, in den Schlingen dieses Wesens wähnen, aber es ist nicht unwahrscheinlich, dass dies eines Tages Wahrheit sein wird. Andererseits kann man vernünftigerweise nicht behaupten, die Bienen seien jedes Verstandes bar, weil es ihnen noch nicht gelungen ist, uns von dem Affen oder dem Bären zu unterscheiden, und sie uns behandeln, wie sie diese eingeborenen Bewohner des Urwaldes behandeln würden. Es ist gewiss, dass in und um uns Einflüsse und Mächte herrschen, die einander ebenso unähnlich sind und von uns doch nicht unterschieden werden.

Zuletzt, und um diese Apologie der Bienen abzuschließen, mit der ich selbst ein wenig in die Anwandlungen von Eigenliebe verfalle, die ich Sir John Lubbock vorwarf, steht die Frage noch offen, ob man nicht intelligent sein muss, um so großer Torheiten fähig zu sein. Ist es doch stets so in dem ungewissen Bereich des Verstandes, welcher der unsicherste und schwankendste Zustand der Materie ist. In derselben Flamme wie der Verstand ist auch die Leidenschaft, und man kann nicht einmal genau sagen, ob sie der Rauch oder der Docht der Flamme ist. Und hier ist die Leidenschaft der Bienen edel genug, um das Schwanken des Verstandes zu entschuldigen. Was sie zu dieser Tollheit treibt, ist nicht das tierische Verlangen, sich voll Honig zu saugen. Das hätten sie in den Zellen ihres Baus leichter zu haben. Man beobachte sie und verfolge sie in einem analogen Fall, und man wird sehen, dass sie, sobald ihre Honigblase voll ist, in den Bienenstock zurückkehren, ihre Beute abgeben und dreißig Mal in einer Stunde zu dem wunderbaren Erntefeld zurückkehren. Es ist also dieselbe Trieb, der sie so viel Bewundernswertes tun lässt: der Eifer, dem Haus ihrer Schwestern und der Zukunft so viel Gutes zuzuführen, als sie vermögen. Wenn die Torheiten der Menschen eine ebenso selbstlose Ursache haben, pflegen wir ihnen einen anderen Namen zu geben.

Dennoch muss die ganze Wahrheit gesagt werden. Angesichts der Wunder ihres Gewerbefleißes, ihres Gemeinsinns und ihrer Opferfreudigkeit muss uns ein Umstand immerhin in Erstaunen versetzen und unsere Bewunderung etwas beeinträchtigen, nämlich ihre Gleichgültigkeit gegenüber dem Tod und dem Unglück ihrer Mitschwestern. Es geht durch den Charakter der Bienen ein seltsamer Spalt. Im Bienenkorb lieben und helfen sie sich alle, sind sie so einig wie die guten Gedanken derselben Seele. Verletzt man eine, so opfern sich tausend, um ihre Mitbürgerin zu rächen. Außerhalb des Bienenstocks kennen sie sich nicht mehr. Man verstümmle oder vernichte – oder besser, man tue es nicht, es wäre eine unnötige Grausamkeit, denn die Tatsache steht fest, – aber gesetzt, man verstümmelte oder vernichtete auf einem Stück Wabenhonig, ein paar Schritte vom Bienenstand entfernt, zwanzig oder dreißig Bienen aus demselben Stock, und die nicht Getroffenen werden nicht einmal den Kopf drehen, sondern achtlos gegen die in Todeszuckungen Liegenden, deren letzte Bewegungen ihre Glieder streifen, deren Schmerzensrufe ihnen ins Ohr gellen, saugen sie nach wie vor mit ihrer fantastischen Zunge, die wie eine chinesische Waffe aussieht, den Saft, der ihnen kostbarer ist als das Leben. Und wenn die Wabe leer ist, klettern sie, um nichts zu verlieren, um auch den Honig, der an den Opfern klebt, noch zu gewinnen, ruhig über Leichen und Verwundete hinweg, ohne sich über das Vorhandensein der einen aufzuregen und ohne den anderen Hilfe zu bringen. Sie haben in diesem Fall also weder einen Begriff von der Gefahr, die sie laufen, denn der Tod, den sie um sich sehen, erschüttert sie nicht im Mindesten, noch das geringste Gefühl der Zusammengehörigkeit und des Mitleids. Was die Gefahr betrifft, so ist das erklärlich: Die Biene kennt in der Tat keine Furcht, und nichts in der Welt kann sie schrecken, außer dem Rauch. Außerhalb ihres Bienenkorbes ist sie voller Langmütigkeit und Friedfertigkeit. Sie weicht dem Störenfried aus und ignoriert das Vorhandensein all dessen, was sie nicht unmittelbar angeht. Man möchte sagen, dass sie sich in einer Welt fühlt, die allen gehört, wo jeder Anspruch auf seinen Platz hat, wo man friedlich und nachsichtig sein muss. Aber unter dieser Nachsichtigkeit und Friedfertigkeit verbirgt sich ein so selbstgewisses Herz, dass sie gar nicht daran denkt, sich zu behaupten.

Sie weicht aus, wenn jemand sie bedroht, aber sie flieht nie. Andererseits beschränkt sie sich im Bienenstock keineswegs auf dieses passive Ignorieren der Gefahr. Sie stürzt sich mit einer unerhörten Wucht auf jedes lebende Wesen, Ameise, Löwe oder Mensch, das ihre heilige Arche anzutasten wagt. Nennen wir das je nach unserer geistigen Veranlagung Zorn, Verbissenheit, Stumpfsinn oder Heroismus.

Aber über ihren Mangel an Solidaritätsgefühl außerhalb des Bienenstocks weiß ich nichts zu sagen. Man muss wohl annehmen, dass es sich auch hier um jene unverhofften Grenzen handelt, die jeder Art von Verstand gezogen sind, und dass die kleine Flamme, die durch den schwierigen Verbrennungsprozess so vieler träger Stoffe nur mühsam dem Gehirn entstrahlt, jederzeit so ungewiss ist, dass sie einen Punkt nur auf Kosten vieler anderer erleuchtet. Man kann sich sagen, dass die Biene – oder die Natur in der Biene – die gemeinsame Arbeit, den Kultus der Zukunft und die Fernstenliebe in einer nie wieder erreichten Vollkommenheit durchgeführt hat. Sie lieben über sich hinaus, und wir lieben vornehmlich, was um uns ist. Vielleicht genügt es, hier zu lieben, um dort keine Liebe mehr übrig zu haben. Nichts ist veränderlicher als die Richtung der Barmherzigkeit oder des Mitleids. Wir selbst wären ehedem über diese Fühllosigkeit der Bienen weit weniger erstaunt gewesen, und manchen alten Schriftstellern wäre es gar nicht eingefallen, sie deswegen zu tadeln. Zudem können wir nicht ahnen, wie sehr ein Wesen, das uns so beobachten würde, wie wir sie beobachten, über uns in Erstaunen geraten würde.

Schließlich müssten wir, um uns von ihrem Verstand eine genauere Vorstellung zu machen, festzustellen versuchen, auf welche Weise sie sich miteinander verständigen. Denn dass sie sich verständigen, ist sonnenklar; ein Gemeinwesen von so großer Volkszahl, dessen Arbeiten so mannigfach sind und doch so wunderbar harmonieren, könnte bei der Unfähigkeit seiner Mitglieder, miteinander in Verbindung zu gelangen und aus ihrer geistigen Vereinsamung herauszutreten, nicht bestehen. Sie müssen also die Fähigkeit haben, ihre Gedanken und Gefühle auszudrücken, sei es durch eine Lautsprache, sei es, was wahrscheinlicher ist, mithilfe einer Tastsprache oder einer magnetischen Übertragung, die sich vielleicht an Eigenschaften der Materie und an Sinne knüpft, die uns völlig unbekannt sind, und der Sitz dieser Sinne könnte sich in ihren geheimnisvollen Fühlern befinden, welche die Finsternis abtasten und fühlen und nach den Berechnungen von Cheshire bei den Arbeitsbienen aus zwölftausend Fühlfäden und fünftausend Geruchshöhlen bestehen. Dass sie sich nicht nur über ihre gewöhnlichen Arbeiten verständigen, sondern dass auch Außergewöhnliches Platz und Namen in ihrer Sprache hat, das geht daraus hervor, dass jede gute oder böse, gewohnte oder übernatürliche Nachricht sich durch den Bienenstock verbreitet, wie zum Beispiel Verlust und Wiederkehr der Königin, Eindringen eines Feindes, einer fremden Königin, Nahen eines Räuberschwarms, Entdeckung eines Schatzes und so fort. Das Benehmen und die Töne der Bienen sind bei jedem dieser Ereignisse so verschieden, so charakteristisch, dass der erfahrene Bienenwirt unschwer errät, was in dem kribbelnden Dunkel des Bienenstocks vorgeht.

Will man einen deutlicheren Beweis, so beobachte man eine Biene, die auf einem Fensterbrett oder einer Tischecke ein paar Honigtropfen gefunden hat. Zuerst saugt sie sich so gierig voll, dass man sie in aller Muße, ohne sie in ihrer Arbeit zu stören, mit einem kleinen Farbfleck zeichnen kann. Aber diese Fressgier ist nur scheinbar. Der Honig kommt nicht in den eigentlichen, sozusagen persönlichen Magen der Biene, er bleibt im Honigmagen, der gewissermaßen der Magen der

Gesamtheit ist. Sobald dieses Behältnis gefüllt ist, fliegt die Biene von dannen, aber nicht blind und unmittelbar wie ein Schmetterling oder eine Fliege. Man wird sie im Gegenteil einige Augenblicke rückwärts fliegen sehen; sie schwirrt aufmerksam in der Fensteröffnung oder um den Tisch herum, den Kopf dem Zimmer zugewandt. Sie prägt sich die Örtlichkeit ein und merkt sich genau die Stelle, wo der Schatz liegt. Dann erst fliegt sie zum Stock zurück, entleert ihre Beute in eine der Vorratszellen und ist in drei oder vier Minuten wieder da, um eine neue Ladung von dem wunderbaren Brett zu holen. Alle fünf Minuten kommt sie, solange noch Honig da ist, und wenn es bis zum Abend währt, ununterbrochen wieder und fliegt, ohne sich die geringste Ruhe zu gönnen, von dem Fenster zum Bienenstock und vom Bienenstock zum Fenster.

Ich will die Wahrheit nicht ausschmücken, wie viele es getan haben, die über die Bienen schrieben. Beobachtungen dieser Art sind nur dann von Interesse, wenn sie absolut ehrlich sind. Ich hätte vielleicht gesagt, dass die Bienen unfähig sind, sich über ein Ereignis außerhalb des Bienenstocks zu verständigen, wenn ich nicht gelegentlich bei einer kleinen experimentellen Enttäuschung ein Vergnügen daran gefunden hätte, wieder einmal zu konstatieren, dass der Mensch im Grunde genommen doch das einzige wirklich vernunftbegabte Wesen auf diesem Erdball ist. Und dann empfindet man, wenn man bis zu einem gewissen Punkt des Lebens gekommen ist, mehr Freude daran, etwas Wahres zu sagen, als etwas Auffälliges. Hier wie in allen Dingen muss man sich von dem Grundsatz leiten lassen: Wenn die nackte Wahrheit uns im Augenblick weniger groß, edel oder anziehend erscheint, als der erträumte Schmuck, mit dem man sie behängen könnte, so liegt die Schuld an uns, weil wir die stets erstaunlichen Beziehungen, die zwischen unserem Wesen und den Weltgesetzen bestehen müssen, noch nicht zu erkennen vermögen, und in diesem Fall ist es also nicht die Wahrheit, die einer Vergrößerung und Veredelung bedarf, sondern unser Verstand.

Ich will also eingestehen, dass die gezeichneten Bienen oft allein wiederkehren. Man muss wohl glauben, dass es unter ihnen dieselben Charakterunterschiede gibt wie bei den Menschen, und dass die einen schweigsam, die anderen mitteilsam sind. Jemand, der meinen Versuchen beiwohnte, bemerkte, dass es bei vielen Eitelkeit oder Egoismus sein könnte, was sie bestimmt, die Quelle ihres Reichtums nicht zu verraten, um den Ruhm einer Leistung, die der Schwarm für wunderbar halten muss, nicht mit anderen zu teilen. Aber das sind recht niedrige Laster, die nicht nach dem reinen und frischen Duft des Hauses ihrer tausend Schwestern schmecken. Wie dem indes auch sei, es geschieht auch oft genug, dass die vom Glück begünstigte Biene mit zwei oder drei Gefährtinnen wiederkommt. Es ist mir bekannt, dass Sir John Lubbock im Anhang zu seinem Werk *Ants, Bees and Wasps* ausführliche und gewissenhafte Beobachtungstabellen aufstellt, aus denen hervorzugehen scheint, dass fast nie andere Bienen der Wegweiserin folgen. Ich weiß freilich nicht, welche Bienenart der gelehrte Naturforscher beobachtet hat oder ob die Umstände besonders ungünstig waren. Meine eigenen Beobachtungstabellen, die ich sorgfältigst aufgestellt habe, indem ich unter Benutzung aller möglichen Vorsichtsmaßregeln verhinderte, dass die Bienen direkt durch den Honigduft angezogen wurden, ergaben, dass im Durchschnitt viermal in zehn Fällen andere Bienen von der ersten mitgebracht wurden.

Einmal betupfte ich einer besonders kleinen italienischen Biene den Leib mit einem Farbfleck. Beim zweiten Mal kam sie mit zwei Schwestern wieder. Ich fing diese weg, ohne dass sie sich stören ließ. Das nächste Mal kam sie mit drei Gefährtinnen wieder, die ich ebenfalls wegfing, und so fort, bis ich am Ende des Nachmittags achtzehn Bienen gefangen hatte. Sie hatte also achtzehn Schwestern die Mitteilung zu machen gewusst.

Alles in allem genommen, wird man bei solchen Experimenten zu dem Schluss kommen, dass die Mitteilung an andere, wo nicht regelmäßig, so doch häufig stattfindet, und dieses Vermögen der Bienen ist den Bienenjägern Amerikas so gut bekannt, dass sie es sich beim Ausspüren von Nestern regelmäßig zunutze machen. »Sie wählen«, sagt Josiah Emmery, »zum Beginn ihrer Tätigkeit ein Feld oder ein Gehölz, das weitab von allen Bienenständen zahmer Bienen liegt. Hier angekommen, lauern sie einigen Bienen auf, welche die Blüten befliegen, fangen sie weg und sperren sie in einen mit Honig versehenen Kasten. Sobald sich die Bienen darin vollgesogen haben, lassen sie sie wieder fliegen. Nun kommt ein Augenblick des Wartens, dessen Dauer von der Entfernung des Bienennests abhängt, aber bei einiger Geduld findet der Jäger seine Bienen jedes Mal mit einem Gefolge von mehreren Gefährtinnen wieder. Er fängt sie von Neuem ein, regaliert sie und lässt sie jede in eine andere Richtung fliegen, wobei er genau aufpasst, welche Richtung sie nehmen. Der Punkt, an dem sie zusammenzustreben scheinen, gibt ihm die mutmaßliche Lage des Nests an.«

Man wird bei Wiederholung des oben genannten Experiments bemerken, dass die mitgebrachten Freundinnen, die der Losung des Glücks gehorchen, nicht immer zusammen ankommen und dass oft ein Zwischenraum von mehreren Sekunden zwischen der Ankunft der Einzelnen liegt. Man muss sich also über ihr Mitteilungsvermögen dieselbe Frage vorlegen, die Sir John Lubbock für die Ameisen gelöst hat: Tun die Gefährtinnen, die sich bei dem von der ersten Biene entdeckten Schatz mit einfinden, nichts weiter, als dass sie dieser folgen, oder sind sie vielleicht von ihr geschickt und finden ihn selbst nach deren Angaben und der von ihr gemachten Ortsbeschreibung? Es wäre dies, wie man leicht einsieht, ein gewaltiger Unterschied hinsichtlich der Höhe und Vollkommenheit ihres Verstandes. Dem gelehrten Engländer ist es mithilfe einer komplizierten und sehr sinnreichen Konstruktion aus Gängen und Stegen, Wassergräben und fliegenden Brücken gelungen, nachzuweisen, dass die Ameisen in diesem Fall einfach der Fährte der Wegweiserin folgen. Solche Experimente sind nun zwar sehr sinnreich bei den Ameisen, die man zwingen kann, einen bestimmten Weg zu wählen, aber der Biene, die Flügel hat, stehen alle Wege offen, und man müsste zu anderen Hilfsmitteln greifen. Das Folgende habe ich angewandt, ohne jedoch zu entscheidenden Resultaten zu gelangen. In größerer Vervollkommnung aber und unter günstigeren Umständen dürfte es doch zu befriedigender Gewissheit führen.

Mein Arbeitszimmer auf dem Land liegt im ersten Stock über einem sehr hohen Erdgeschoss. Außer in der Blütezeit der Kastanien und Linden pflegen die Bienen nie sehr hoch zu fliegen, sodass ich ein Stück entdeckelten Wabenhonig (nämlich gefüllte Honigwaben, von denen die Wachsdeckel entfernt waren) vor dem Experiment mehr als eine Woche lang auf dem Tisch liegen hatte, ohne dass eine einzige Biene von dem Duft angelockt wurde und die Wabe beflog. Ich nahm nun eine italienische Biene aus einem unfern des Hauses aufgestellten Beobachtungsstock, trug sie in mein Arbeitszimmer hinauf und ließ sie an dem Honig naschen, während ich sie mit einem Farbfleck betupfte.

Als sie sich vollgesogen hatte, flog sie zu ihrem Bienenstock zurück. Ich ging hinterher und sah, wie sie hastig über die anderen Bienen hinwegflog, ihren Kopf in einer leeren Zelle verschwinden ließ, den Honig entleerte und sich zum Ausfliegen anschickte. Zwanzigmal hintereinander wiederholte ich denselben Versuch mit verschiedenen Bienen und nahm dabei jedes Mal die geköderte Biene weg, sodass die anderen ihrer Spur nicht folgen konnten. Ich hatte zu diesem Zweck vor dem Flugloch einen Glaskasten angebracht, der durch eine Klapptür in zwei Abteilungen geschieden war. Kam die gezeichnete Biene allein heraus, so fing ich sie einfach weg und wartete dann in meinem Zimmer auf die Ankunft der Freundinnen, denen sie die Nachricht gebracht hätte. Kam sie mit zwei oder drei anderen Bienen heraus, so hielt ich sie in der ersten Abteilung des Glaskastens gefangen und trennte sie so von ihren Gefährtinnen, denen ich einen Fleck von anderer Farbe auftupfte und dann die Freiheit gab, wobei ich sie mit den Augen verfolgte. Es ist klar, dass ich, wenn eine lautliche oder magnetische Mitteilung stattgefunden hätte, die eine Ortsbeschreibung und Orientierungsmethode einschlösse, eine Anzahl von Bienen, die auf die Fährte gesetzt waren, in meinem Zimmer hätte vorfinden müssen. Ich muss gestehen, dass sich nur eine einfand. Folgte sie den im Bienenstock empfangenen Anweisungen, oder war es reiner Zufall? Die Beobachtung war nicht ausreichend genug, aber die Umstände gestatteten nicht, sie fortzusetzen. Ich ließ die Bienen wieder frei, und alsbald war mein Arbeitszimmer voll von der summenden Menge, der sie in ihrer gewohnten Weise den Weg zu diesem Schatz gewiesen hatten.[6]

Aber auch ohne aus diesem unvollkommenen Versuch Schlüsse zu ziehen, sieht man sich zu der Annahme gezwungen, dass die Bienen in geistigen Beziehungen zueinander stehen, die über ein bloßes Ja und Nein oder jene elementaren Mitteilungen, die durch Gebärde oder Vorbild entstehen, weit hinausgehen. Man braucht nur die rührende Harmonie ihrer Arbeiten im Bienenstock, die überraschende Arbeitseinteilung und die regelmäßige Ablösung in der Arbeit zu bedenken. Ich habe oft beobachtet, wie die Beutemacherinnen, die ich am Morgen betupft hatte, außer bei ungewöhnlichem Blumenreichtum nachmittags damit beschäftigt waren, das Brutnest auszulüften oder zu »bebrüten«; andere fand ich unter der Schar wieder, die jene geheimnisvollen, wie tot dahängenden Ketten bildet, in deren Mitte die Wachszieherinnen und Steinmetze arbeiten. Ebenso habe ich beobachtet, wie die Arbeiterinnen einen ganzen Tag lang Pollen eintrugen, am nächsten Tage dagegen ausschließlich Nektar und umgekehrt.

Schließlich wäre noch eine Erscheinung zu berücksichtigen, die der berühmte französische Bienenzüchter Georges de Layens »die Verteilung der Bienen auf die honigspendenden Pflanzen« nennt. Allmorgendlich, wenn die Sonne aufgeht und die mit dem Morgenrot ausgesandten Spürbienen zurückkehren, erhält der erwachende Bienenstock sichere Nachrichten von draußen.

»Heute blühen die Linden an den Kanalufern.« »Der Weißklee leuchtet durch das Gras am Wegesrand.« »Steinklee und Salbei sind im Aufblühen.« »Lilien und Reseda strömen von Pollen über.« Da heißt es, sich schnell zusammentun, Maßregeln ergreifen und die Arbeit einteilen. Fünftausend von den stärksten werden hinauf zu den Lindenwipfeln fliegen, dreitausend jüngere den Weißklee besuchen. Die einen fahndeten gestern nach dem Nektar der Blumenkelche, heute sollen sie ihre Zunge und die Drüsen des Honigmagens schonen; sie werden den roten Reseda-Pollen, den gelben Pollen der großen Lilien eintragen, denn nie wird man eine Biene Pollen von verschiedenen Blumensorten und verschiedener Farbe ernten oder miteinander vermischen sehen, und das methodische Sortieren der einzelnen Arten dieses schönen duftigen Mehls je nach Farbe und Herkunft bildet eine der Hauptbeschäftigungen im Stock selbst. So werden die Befehle von einem verborgenen Geist ausgegeben, und alsbald kommen die Arbeiterinnen in langen Zügen hervor, um eine jede unbeirrt ihrer Aufgabe entgegenzufliegen. »Anscheinend«, sagt de Layens, »sind die Bienen genau informiert über Standort, Honiggehalt und Entfernung aller honigtragenden Pflanzen in einem gewissen Umkreis um den Bienenstock. Merkt man sich genau die Richtung, welche die Beutemacherinnen einschlagen, und kann man die Ernte, die sie von den verschiedenen Pflanzen der Umgebung eintragen, methodisch beobachten, so stellt sich heraus, dass die Arbeitsbienen sich sowohl nach der Menge der vorhandenen Pflanzen einer Art, wie nach ihrem Honigreichtum unter den verschiedenen Blumen aufteilen. Mehr noch: Sie schätzen täglich ab, welcher Zuckersaft der Beste zum Ernten ist. Wenn beispielsweise nach Abblühen der Salweiden noch nichts auf den Feldern erblüht ist und die Bienen auf die ersten Waldblumen angewiesen sind, so kann man sie beim regen Besuch von Anemonen, Schlüsselblumen, Narzissen und Veilchen sehen. Ein paar Tage darauf, wenn genügend Raps- und Kohlfelder erblüht sind, sieht man sie ihre Waldblumen fast vollständig verlassen, obschon sie noch in voller Blüte stehen, und sich ganz den Raps- und Kohlblüten widmen. So verteilen sie sich täglich auf die Pflanzen, die in möglichst kurzer Zeit den besten Zuckersaft liefern. Man kann also sagen, das Bienenvolk weiß sowohl in seinen Erntearbeiten, wie im Innern des Bienenstocks eine rationelle Verteilung der Arbeitsbienen vorzunehmen, und zwar unter strikter Anwendung des Prinzips der Arbeitsteilung.«

Aber, wird man sagen, was liegt uns daran, ob die Bienen mehr oder minder intelligent sind? Warum mit so viel Sorgfalt eine kleine, fast unsichtbare Spur der Materie verfolgen, als handelte es sich um ein Fluidum, von dem die Geschicke der Menschheit abhingen? Ohne zu übertreiben: Ich glaube, das Interesse, das wir daran nehmen, ist nicht hoch genug zu schätzen. Indem wir jenseits von uns selbst eine wirkliche Spur von Verstand finden, empfinden wir etwas von dem seltsamen Schauder Robinsons, als er den Eindruck eines menschlichen Fußes im Strandsand seiner Insel fand. Es scheint uns, dass wir weniger allein sind, als wir wähnten. Wenn wir uns über den Verstand der Bienen klar zu werden versuchen, so erforschen wir im Grunde genommen das Kostbarste unseres eigenen Wesens in ihnen und suchen ein Atom jenes seltenen Stoffes, der überall, wo er hervortritt, die wunderbare Gabe hat, die blinden Notwendigkeiten umzuformen und zu organisieren, das Leben zu verschönern und zu mehren und der hartnäckigen Macht des Todes, dem großen gedankenlosen Strom, der fast alles, was besteht, in ewiger Unbewusstheit davonträgt, einen sinnfälligen Halt zu gebieten.

Wären wir im Alleinbesitz eines Teils dieser Kraft in dem besonderen Blüte- und Glanzzustand, den wir Verstand nennen, so hätten wir einiges Recht darauf, uns für bevorzugt zu halten und uns einzubilden, dass die Natur ein Ziel in uns erreicht; aber da ist nun eine ganze Kategorie von Wesen: die Honigwespen, in denen sie fast dasselbe Ziel erreicht. Dies entscheidet nichts, wenn man will, aber die Tatsache nimmt doch einen Ehrenplatz ein unter der Menge der kleinen Tatsachen, die zur Klärung unserer Lage auf Erden beitragen. Hier findet sich eine Parallelerscheinung für den am wenigsten entzifferbaren Teil unseres Wesens, eine Ablagerung von Schicksalen, die wir von einem höheren Standpunkt aus überschauen, als wir es für die Geschicke der Menschheit je vermöchten. Hier finden sich mit einem Wort die großen, einfachen Linien, die wir in unserem eigenen, unverhältnismäßig größeren Wirkungskreis weder aufdecken noch bis zu Ende verfolgen können. Hier findet sich Geist und Materie, Art und Individuum, Entwicklung und Beharren, Vergangenheit und Zukunft,

Leben und Tod auf einen Raum zusammengedrängt, den wir mit der Hand umspannen und mit einem Blick überschauen können, und es drängt sich die Frage auf: Hat die größere Ausdehnung unseres Körpers in Raum und Zeit wirklich so viel Einfluss auf die geheimen Pläne der Natur, und kann man diese im Bienenstock mit seiner kurzen, nach Tagen zählenden Geschichte nicht ebenso gut erforschen, wie in unserer großen Menschheitsgeschichte, wo drei Geschlechter ein ganzes Jahrhundert ausfüllen?

Nehmen wir die Geschichte unseres Bienenstocks also wieder auf, wo wir sie fallen gelassen hatten, und versuchen wir eine der Falten des geheimnisvollen Vorhangs zu lüften, von dem jene seltsame Ausschwitzung herabzuträufen beginnt, die fast so weiß ist wie Schnee und leichter als Daunenfedern. Denn das Wachs ist im Augenblick seiner Entstehung anders als in dem allbekannten Zustand, in dem wir es finden; es ist fleckenlos und leicht wie Luft; es scheint wirklich die Seele des Honigs zu sein, der seinerseits wieder der Geist der Blumen ist, und wird durch eine regungslose Beschwörung hervorgezaubert, um späterhin in unseren Händen, gewiss im Andenken an seinen Ursprung, in dem so viel Himmelsbläue, so viel keuscher und Segen spendender Wohlgeruch liegt, zur duftenden Kerze unserer Totenbahre zu werden.

Es ist sehr schwer, die verschiedenen Phasen der Wachsbildung und des Wachsbaus bei einem Volk, das zu bauen beginnt, zu verfolgen. Es vollzieht sich alles in der Enge des Schwarms, der sich immer dichter zusammenschließt, um die zu seiner Ausschwitzung erforderliche Temperatur zu erzeugen; diese Ausschwitzung selbst ist das Vorrecht der jüngsten Bienen. Huber, der sie zuerst mit unsäglicher Geduld studiert hat, nicht ohne bisweilen in ernste Gefahr zu geraten, widmet diesem Vorgang mehr als zweihundertfünfzig spannende, aber notwendigerweise zusammenhanglose Seiten. Ich, der ich kein technisches Werk schreibe, beschränke mich darauf, unter gelegentlicher Benutzung seiner trefflichen Beobachtungen nur das zu berichten, was jeder beobachten kann, wenn er einen Schwarm in einen mit Glaswänden versehenen Beobachtungskasten einschlägt.

Zunächst muss man gestehen, dass wir noch nicht wissen, durch welchen chemischen Vorgang der Honig in dem rätselreichen Körper unserer in regungslosen Ketten dahängenden Bienen sich in Wachs verwandelt. Man kann nur feststellen, dass nach einer Wartezeit von achtzehn bis zu vierundzwanzig Stunden und bei einer so hohen Temperatur, dass man glauben möchte, der Bienenstock glühte innerlich, weiße durchsichtige Schuppen aus den vier kleinen Taschen auf jeder Seite des Hinterleibs der Bienen hervortreten.

Sobald die Mehrzahl derer, welche den hängenden Kegel bilden, diese Elfenbeinplättchen am Hinterleib trägt, sieht man eine von ihnen, als ob sie einer plötzlichen Erleuchtung folgte, sich mit einem Mal von der Menge ihrer Schwestern ablösen, über die ruhig dahängende Masse hinwegklettern und den höchsten Punkt der inneren Kuppel erklimmen. Hier angekommen, hängt sie sich fest auf, indem sie die Nachbarinnen, die ihr in ihren Bewegungen hinderlich sind, mit dem Kopf beiseite schiebt. Dann packt sie mit Füßen und Mund eines der acht Plättchen ihres Hinterleibs, beschneidet und hobelt es, dehnt und knetet es mit ihrem Speichel, biegt und reckt es, zerdrückt und stellt es wieder her, wie ein geschickter Tischler, der eine kunstvolle Lade zimmert. Endlich scheint ihr das durchgekaute Wachs die richtige Form und Haltbarkeit zu haben, und sie klebt es in der Spitze der Kuppel an: Es ist die Grundsteinlegung der neuen Stadt, oder vielmehr die des Schlusssteins, denn es handelt sich hier um eine umgekehrte Stadt, die vom Himmel herabwächst, statt von der Erde empor wie eine Menschenstadt.

Ist dies geschehen, klebt sie an den im Leeren hängenden Schlussstein neue Wachsstückchen, die sie einzeln unter ihren Hornringen hervorzieht, gibt dem Ganzen die letzte Feile mit der Zunge und den Fühlern, und verschwindet daraufhin ebenso plötzlich, wie sie gekommen ist, in der Menge. Sofort tritt eine andere an ihre Stelle, setzt die Arbeit fort, wo jene sie liegen gelassen hat, fügt das Ihrige hinzu, verbessert, was ihr mit dem Idealplan des Volkes nicht übereinzustimmen scheint, und verschwindet dann gleichfalls, während eine Dritte, eine Vierte und Fünfte ihr unerwartet und plötzlich folgen, keine das Werk vollendend, aber alle ihr Scherflein zum allgemeinen Wohl beitragend.

Bald hängt ein kleiner, noch ungestalteter Wachszipfel von der Decke herab. Sobald er ihnen die nötige Dicke zu haben scheint, sieht man aus der hängenden Traube eine andere Biene auftauchen, deren körperliche Erscheinung gegen die der ihr vorangegangenen Gründerinnen merklich absticht. Wenn man die Sicherheit ihres Auftretens und die Erwartung der sie umgebenden Schwestern sieht, so könnte man meinen, dass es eine erleuchtete Baumeisterin ist, die den Plan der ersten Zelle, welche die Lage aller anderen mathematisch nach sich zieht, im Leeren entwirft. Jedenfalls aber gehört sie zu der Klasse der Steinmetze und Bauleute, die kein Wachs hervorbringen, sondern das ihnen gelieferte Material nur bearbeiten. Sie wählt also den Platz für die erste Zelle aus, gräbt eine Vertiefung in den Wachsblock und zieht das Wachs, das sie aus dem Boden herausgräbt, nach den Rändern zu aus, die allmählich rings um die Grube entstehen. Dann lässt sie, ganz wie die Gründerinnen, ihr angefangenes Werk plötzlich liegen, eine ungeduldige Arbeiterin tritt an ihre Stelle und führt ihre Arbeit weiter, und eine Dritte vollendet sie, während andere rechts und links davon nach derselben Methode der Arbeitsunterbrechung und Fortsetzung den Rest der Wachsfläche und die andere Seite der Wachswand bearbeiten. Man möchte sagen, dass ein wesentliches Gesetz des Bienenstaats den Arbeitsstolz verteilt und dass jedes Werk gemeinsam und namenlos sein muss, um desto brüderlicher zu sein.

Bald lässt sich die werdende Wabe erkennen. Sie ist einstweilen noch linsenförmig, denn die kleinen prismatischen Wachsröhren, aus denen sie besteht, sind ungleich lang und nehmen in regelmäßiger Verjüngung von der Mitte nach den Enden zu ab. Sie hat jetzt fast das Aussehen und die Stärke einer menschlichen Zunge, die auf ihren beiden Breitseiten aus sechseckigen, mit den Seiten aneinander stoßenden und mit den Böden sich berührenden Zellen besteht.

Sobald die ersten Zellen fertig sind, heften die Gründerinnen einen zweiten, dann einen dritten und vierten Wachsblock an die Wölbung an, und zwar mit regelmäßigen, wohl berechneten Zwischenräumen, sodass, wenn die Tafeln ihre volle Stärke erreichen, was allerdings erst viel später eintritt, die Bienen immer Platz genug behalten, um zwischen den Parallelwänden hindurchzugehen.

Sie müssen also einen bestimmten Plan vor Augen haben, in dem die endgültige Stärke jeder Tafel (zweiundzwanzig bis dreiundzwanzig Millimeter) vorgesehen ist, desgleichen die Breite der trennenden Straßen, die etwa elf Millimeter betragen muss, das heißt die doppelte Höhe einer Biene, denn sie müssen zwischen den Tafeln Rücken an Rücken aneinander vorüber.

Übrigens sind sie nicht unfehlbar, und ihre Sicherheit hat nichts Mechanisches. Unter schwierigen Verhältnissen machen sie manchmal recht bedeutende Fehler. Bisweilen ist zu viel Zwischenraum zwischen den Tafeln, oft auch zu wenig. Sie suchen dem später abzuhelfen, so gut es geht, sei es, dass sie die zu eng herangerückte Tafel schräg weiter führen, oder in den zu großen Zwischenraum eine Zwischenwabe einbauen. »Bisweilen geschieht es, dass sie sich täuschen«, sagt Réaumur im Hinblick hierauf, »und gerade das scheint zu beweisen, dass sie urteilen.«

Wie ja bekannt, bauen die Bienen viererlei Zellen. Erstens die Königinnenzellen, von ungewöhnlicher Bauart, wie Eicheln aussehend, zweitens die geräumigen Zellen zur Aufziehung der Drohnen und zum Aufspeichern von Vorräten in der Haupttrachtzeit, ferner die kleinen Zellen, die zur Erziehung der Arbeitsbienen und als gewöhnliche Speicher dienen und unter normalen Verhältnissen acht Zehntel des Baus einnehmen, und endlich, um zwischen den großen und kleinen Zellen eine ordnungsmäßige Verbindung herzustellen, eine Zahl von Übergangszellen. Abgesehen von der unvermeidlichen Unregelmäßigkeit der Letzteren, sind die Dimensionen des zweiten und dritten Typus so gut berechnet, dass Réaumur, als das Dezimalsystem festgesetzt wurde und man in der Natur nach einem festen Maß suchte, das zum unumstößlichen Normalmaß erhoben werden konnte, die Bienenzelle vorschlug.[7]

Jede dieser Zellen bildet eine sechseckige Röhre mit pyramidaler Basis, und jede Wabe besteht aus zwei Schichten dieser Röhren, die mit der Basis gegeneinander liegen, und zwar derart, dass jeder der drei Rhomben, welche die pyramidale Basis einer Zelle der Vorderseite bilden, auch drei Zellen der Rückseite zur Basis dient.

In diese prismatischen Röhren wird der Honig eingetragen. Um zu vermeiden, dass er in der Zeit des Ausreifens herausfließt, was unvermeidlich eintreten würde, wenn sie, wie es den Anschein hat, genau horizontal lägen, geben die Bienen ihnen ein leichtes Gefälle von vier bis fünf Winkelgraden.

»Außer der Wachsersparnis«, sagt Réaumur im Hinblick auf das Gesamtgefüge dieses Wunderbaus, »außer der Wachsersparnis, die durch die Anordnung der Zellen erreicht wird, und abgesehen davon, dass die Bienen mithilfe dieser Anordnung die ganzen Tafeln ausfüllen, ohne eine Lücke zu lassen, führt dieselbe auch zu einer größeren Haltbarkeit des Baus. Der Bodenwinkel jeder Zelle, die Spitze der pyramidenförmigen Vertiefung, findet ein Widerlager in der Spitze zweier Ecken des Sechsecks einer anderen Zelle. Die beiden Dreiecke oder Fortsetzungen der hexagonalen Seitenwände, die einen der ausspringenden Winkel der von den drei Rhomben begrenzten Vertiefung ausfüllen, bilden miteinander einen Flächenwinkel an ihrer Berührungsseite; jeder dieser Winkel, der im Innern der Zelle konkav ist, stützt mit seiner konvexen Kante eine der Kanten des Sechsecks einer anderen Zelle, und diese Kante übt ihrerseits wieder einen Gegendruck aus, ohne den der Winkel nach außen getrieben würde; derart sind alle Kanten verstärkt. Alles, was man von der Haltbarkeit jeder einzelnen Zelle verlangen könnte, wird damit sowohl durch die Form der Zellen, als auch durch die wechselseitige Anordnung derselben erreicht.«

»Die Mathematiker«, sagt Dr. Reid, »wissen, dass es nur drei Arten von Figuren gibt, um eine Fläche in kleine Teile von regelmäßiger Form und gleicher Größe ohne Zwischenraum zu teilen. Es sind dies: das gleichseitige Dreieck, das Quadrat und das gleichseitige Sechseck, das in Hinsicht auf die Bauart der Zellen vor den beiden anderen Figuren durch größere Bequemlichkeit und Widerstandskraft den Vorrang verdient. Desgleichen besteht der Zellenboden aus drei in der Mitte zusammenstoßenden Flächen, und es ist bewiesen worden, dass diese Bauart eine beträchtliche Arbeits- und Materialersparnis mit sich bringt. Es war auch die Frage, welcher Neigungswinkel der Flächen zueinander der größten Ersparnis entspricht, ein Problem der höheren Mathematik, das von einigen Gelehrten, unter anderen Maclaurin, seinerzeit gelöst worden ist; man findet die Lösung dieses Gelehrten in den Berichten der königlichen Gesellschaft zu London.[8] Nun aber entspricht der derart errechnete Winkel dem Bodenwinkel der Bienenzellen.«

Gewiss, ich glaube nicht, dass die Bienen diese komplizierten Berechnungen angestellt haben, aber ich glaube ebenso wenig, dass der bloße Zufall oder die Gewalt der Dinge zu solch erstaunlichen Resultaten führen. Für die Wespen, welche ebenfalls Tafeln mit sechseckigen Zellen bauen, war das Problem dasselbe, und sie haben es doch auf weit weniger sinnreiche Art gelöst. Ihre Zellen sind nur einfach gelagert und besitzen somit keinen gemeinsamen Boden, wie die doppelseitige Bienenwabe. Daher besitzen sie auch weniger Haltbarkeit und Regelmäßigkeit und verursachen einen Zeit-, Raum- und Materialverlust, der etwa ein Viertel der unerlässlichen Arbeit und ein Drittel des notwendigen Raumes darstellt. Desgleichen bauen die Trigonen und Meliponen, die wirkliche Hausbienen sind, doch auf einer niedrigeren Kulturstufe stehen, ihre Zellen nur ein Stockwerk hoch und verbinden die horizontalen, übereinander liegenden Stockwerke durch unförmige, zeitraubende Wachssäulen. Ihre Vorratszellen oder »Honigtöpfe« sind große, regellos nebeneinander sitzende Schläuche und werden von den Meliponen, jeder Raum- und Materialersparnis zum Trotz, zwischen die Tafeln des regulären Wachsbaus eingeschoben. Und so machen denn ihre Nester, im Vergleich zu der mathematisch gebauten Stadt unserer Hausbienen, den Eindruck eines Marktfleckens von primitiven Hütten neben einer jener unerbittlich regelmäßigen

Städte, die das vielleicht reizlose, aber der menschlichen Logik eher entsprechende Resultat eines immer härter gewordenen Kampfes gegen Zeit, Raum und Materie sind.

Nach einer landläufigen, übrigens von Buffon wieder aufgewärmten Theorie sollen die Bienen gar nicht die Absicht haben, sechseckige Zylinder mit pyramidaler Basis zu bauen; sie wollen nur runde Zellen in das Wachs eingraben, aber ihre Nachbarinnen und die auf der anderen Seite der Tafel Arbeitenden graben zur gleichen Zeit mit der gleichen Absicht die gleichen Zellen, und folglich nehmen diese an den Berührungsstellen notwendigerweise eine sechseckige Form an. Dasselbe, sagt man, findet unter anderen bei den Kristallen, den Schuppen gewisser Fische, den Seifenblasen statt. Es findet gleichfalls bei folgendem, von Buffon vorgeschlagenem Experiment statt. »Man fülle«, sagt er, »ein Gefäß mit Erbsen oder einer anderen zylindrischen Hülsenfrucht, gieße so viel Wasser hinein, als zwischen den Körnern Platz hat, schließe es und lasse es kochen. Alle diese zylindrischen Körper werden zu sechsseitigen Säulen werden. Der Grund ist leicht ersichtlich, er ist rein mechanischer Natur. Jedes Korn von zylindrischer Form hat beim Aufquellen die Tendenz, sich in einem gegebenen Raum so weit wie möglich auszudehnen; sie werden durch den wechselseitigen Druck also notwendigerweise sämtlich sechseckig. Ebenso sucht jede Biene in einem gegebenen Raum so viel Platz wie möglich zu erlangen, und da der Körper der Bienen zylindrisch ist, so müssen ihre Zellen ebenfalls sechsseitig werden, eben infolge des wechselseitigen Widerstands.«

In der Tat sind dies wechselseitige Widerstände von wunderbarer Wirkung, ebenso wie die Laster der einzelnen Menschen eine gemeinsame Tugend hervorbringen, die genügt, um der menschlichen Gattung, die in ihren Individuen oft hassenswert ist, jedes Odium zu nehmen. Zunächst könnte man mit

Brougham, Kirby, Spence und anderen Gelehrten antworten, dass das Experiment mit den Seifenblasen und Erbsen nichts beweist, denn in beiden Fällen führt der wechselseitige Druck nur zu ganz unregelmäßigen Formen und erklärt jedenfalls nicht die Ursache des prismatischen Zellenbodens. Vor allem aber könnte man entgegnen, dass es mehr als eine Art gibt, aus den blinden Notwendigkeiten sein Teil zu ziehen. Zum Beispiel kommen die Papierwespen, die Erdhummeln, die Meliponen und Trigonen Mexikos und Brasiliens bei gleichen Umständen und gleichem Zweck zu ganz anderen und offenbar minderwertigen Ergebnissen. Endlich könnte man sagen, dass die Bienenzellen, wenn sie den Gesetzen der Kristalle, des Schnees, der Seifenblasen und der gekochten Erbsen Buffons unterworfen sind, durch ihre allgemeine Symmetrie, ihre Anordnung in doppelseitigen Waben, ihre berechnete Neigung und so weiter gleichzeitig noch vielen anderen Gesetzen gehorchen, welche die tote Materie nicht kennt.

Man könnte schließlich noch hinzufügen, dass der menschliche Geist sich auch in der Form befindet, in der er aus den gleichen Notwendigkeiten sein Teil zieht, und dass uns diese Form nur darum als die bestmögliche erscheint, weil wir keinen Beurteiler über uns haben. Aber es ist besser, die Tatsachen selbst sprechen zu lassen, denn um einer Einwendung zu begegnen, die aus einem Experiment gezogen ist, gibt es nur ein Mittel: ein Gegenexperiment.

Um mich also zu vergewissern, dass der sechsseitige Bau der Zellen wirklich in den Geist der Bienen eingeschrieben ist, habe ich eines Tages aus der Mitte einer Wabe, und zwar an einer Stelle, wo sich Brutzellen und Honigbau befanden, ein rundes Stück von der Größe eines Fünffrancstücks herausgeschnitten. Nachdem ich dieses Stück in der Mitte geteilt hatte, wo die pyramidalen Zellenböden aneinander stoßen, legte ich auf die Schnittfläche der einen Hälfte ein Zinnplättchen von demselben Umfang und stark genug, dass die Bienen es nicht verbiegen konnten. Dann setzte ich den Ausschnitt wieder ein. Die eine Wabenseite war also ganz normal, da der Schaden derart repariert war, die andere dagegen enthielt ein großes Loch, dessen Boden aus einer Zinnscheibe bestand, und in dem etwa dreißig Zellen fehlten. Die Bienen waren zunächst ganz verblüfft, kamen massenhaft herbei, um den unglaublichen Abgrund zu prüfen und zu erforschen, und liefen mehrere Tage ratlos herum, ohne zu einem Entschluss kommen zu können. Da ich sie aber jeden Abend stark fütterte, kam schließlich ein Augenblick, wo sie keine Zellen mehr frei hatten, um ihre Vorräte zu bergen. Wahrscheinlich erhielten die großen Baumeister, die Steinmetze und Wachszieherinnen nun Befehl, den unnützen Abgrund nutzbar zu machen. Eine dicke Kette von Wachsbereiterinnen bildete sich um das Loch, um die nötige Wärme zu erzeugen, andere kletterten hinein und begannen, die Metallscheibe mit kleinen Wachsleisten in regelmäßigen Abständen ringsherum an den Ecken der angrenzenden Zellen zu befestigen. Dann gingen sie an die Errichtung von drei oder vier Zellen in dem oberen Halbkreis der Scheibe, und zwar im Anschluss an die kleinen Leisten. Jede dieser Übergangszellen war am äußeren Rand mehr oder weniger unregelmäßig gebaut, um sich dem ursprünglichen Bau anzuschließen, aber die untere Hälfte bildete auf der Zinnscheibe stets drei genau abgezirkelte Winkel, und es entstanden bereits drei kleine gerade Linien, welche die erste Hälfte der nächsten Zelle andeuteten.

Nach achtundvierzig Stunden war die ganze Zinnscheibe mit angefangenen Zellen bedeckt, obschon höchstens drei Bienen in der engen Öffnung bauen konnten. Die Zellen waren zwar unregelmäßiger als bei gewöhnlichem Bau, und die Königin hütete sich wohl, als sie dieselben untersucht hatte, sie zu »bestiften«, denn die Brut, die daraus entstanden wäre, würde sehr unregelmäßig ausgefallen sein. Aber sie waren alle vollständig sechseckig, ohne eine krumme Linie, eine abgerundete Ecke, wiewohl alle gewöhnlichen Voraussetzungen verändert waren. Die Zellen waren nicht, wie bei Hubers Beobachtung, in einen Wachsblock eingegraben, noch, wie nach Darwins Beobachtung, in einem Wachszipfel angelegt, erst kreisförmig und dann durch den Gegendruck der Nachbarzellen sechseckig. Es war keine Rede von wechselseitigen Widerständen, denn sie entstanden eine nach der anderen und ihre kleinen Anfangslinien entstanden frei auf einer Art von Tabula rasa. Es scheint also festzustehen, dass das Sechseck nicht das Resultat mechanischen Drucks ist, sondern vielmehr der Absicht und Erfahrung, dem Verstand und Willen der Bienen entspringt. Nebenbei gesagt, beobachtete ich auch noch einen anderen merkwürdigen Zug ihres Scharfsinns: Die auf die Metallscheibe gebauten Zellen hatten keinen Wachsboden. Die Baumeister des Volkes hatten also augenscheinlich festgestellt, dass das Zinn stark genug war, um Flüssigkeiten abzudämmen, und darum hatten sie es nicht für nötig erachtet, es mit Wachs zu überziehen. Doch als kurz darauf ein paar Honigtropfen in zwei dieser Zellen gebracht wurden, bemerkten sie wahrscheinlich, dass sich der Honig bei Berührung mit dem Metall mehr oder weniger veränderte. Sie ließen sich dies also gesagt sein und überzogen die ganze Zinnfläche mit Wachs.

Wollten wir alle Geheimnisse dieser geometrischen Bauweise ans Licht ziehen, so müssten wir mehr als eine seltsame Tatsache erörtern, darunter die Form der ersten, an das Dach des Bienenstocks angehefteten Zellen, welche so gebaut sind, dass sie dieses Dach an möglichst vielen Stellen berühren.

Man müsste auch sein Augenmerk nicht allein auf die Anlage der großen Straßen richten, die durch den Parallelismus der Waben bedingt wird, als vielmehr auf die Verteilung der

Gassen und Durchgänge, die hin und wieder durch die Tafeln hindurch oder um sie herum ausgespart sind, um den Verkehr zu erleichtern und Luftwege zu schaffen, und die durch ihre geschickte Anlage sowohl große Umwege wie zu großes Gedränge verhindern.

Endlich müsste man die Bauart der Übergangszellen und die wunderbare Einmütigkeit studieren, mit der die Bienen ihre Zellen in einem gegebenen Augenblick erweitern, sei es, dass die Ernte besonders ergiebig ausfällt und größere Gefäße erheischt, sei es, dass sie die Volkszahl für stark genug halten oder das Aufziehen von Drohnen notwendig wird. Zugleich müsste man die kluge Sparsamkeit und harmonische Sicherheit bewundern, mit der sie in solchen Fällen von den kleinen Zellen zu großen und von den großen zu kleinen, von der vollendeten Symmetrie zu einer unvermeidlich unsymmetrischen Bauart übergehen, um alsbald, wenn die Gesetze ihrer lebendigen Mathematik es erlauben, zur idealen Regel zurückzukehren, ohne eine Zelle zu verlieren, ohne in der Flucht ihrer Bauten ein aufgegebenes, kindliches, unreifes und barbarisches Stadtviertel, einen unbrauchbaren Bezirk zu hinterlassen. Aber ich fürchte, ich habe mich schon in viele belanglose Einzelheiten verloren, wenigstens sind sie belanglos für einen Leser, der vielleicht nie mit eigenen Augen einen Bienenschwarm gesehen hat oder sich nur im Vorbeigehen dafür interessiert, wie wir im Vorbeigehen an einer Blume, einem Vogel, einem seltenen Stein Gefallen finden, ohne etwas anderes zu verlangen als eine kleine, oberflächliche Gewissheit, und ohne uns genügsam zu sagen, dass das geringste Geheimnis eines Dings, das wir in der außermenschlichen Natur erblicken, an dem tiefen Rätsel unseres Ursprungs und Zwecks vielleicht einen unmittelbareren Anteil hat als das Geheimnis unserer glühendsten und mit besonderer Vorliebe erforschten Leidenschaften.

Um diese Studie nicht unnötig zu beschweren, übergehe ich auch die erstaunliche Tatsache, dass die Bienen die Ränder ihrer Waben bisweilen abtragen und zerstören, wenn sie diese erweitern oder verlängern wollen. Man wird mir freilich zugeben, dass zerstören, um neu zu bauen, vernichten, was man geschaffen hat, um es noch einmal und zwar regelmäßiger zu machen, eine eigentümliche Spaltung des blinden Instinkts voraussetzt. Ich übergehe ferner einige bemerkenswerte Experimente, bei denen man sie zwingen kann, ihre Waben kreisförmig, oval oder in ganz bizarren Formen anzulegen; ebenso will ich nicht weiter erörtern, auf welche sinnreiche Weise sie es fertigbringen, dass die erweiterten Zellen der konvexen Seite mit denen der konkaven Seite der Tafel übereinstimmen. Nur möchte ich, ehe ich diesen Gegenstand verlasse, einen Augenblick dabei verweilen, auf welche geheimnisvolle Weise sie ihre Arbeit in Einklang setzen und ihre Maßnahmen treffen, wenn sie zur gleichen Zeit und ohne sich zu sehen, auf beiden Seiten einer Tafel arbeiten. Man halte eine dieser Tafeln gegen das Licht, und man wird aus dem durchsichtigen Wachs ein ganzes Netz von Prismen mit haarscharfen Spitzen und Kanten, ein ganzes System von Konstruktionen mit scharfen Schattenlinien hervortreten sehen, die so sicher geführt sind, als wären sie in Stahl geätzt.

Ich weiß nicht, ob sich jemand, der nie einen Blick in das Innere eines Bienenstocks geworfen hat, die Anordnung und das Aussehen der Waben richtig vorstellen kann. Man denke sich also, um den bäurischen Bienenstock zu nehmen, in dem die Biene sich völlig selbst überlassen ist, einen Stroh- oder Weidenkorb. Dieser Korb ist von oben bis unten in fünf, sechs, acht, bisweilen auch zehn genau parallele Wachstafeln geteilt, die wie durchgeschnittene Brote aussehen und sich von der Spitze des Bienenstocks bis auf den Boden herabziehen, indem sie sich der ovalen Form seiner Wände genau anschmiegen. Zwischen je zwei dieser Tafeln ist ein Raum von einer Zellenhöhe ausgespart, in dem die Bienen sich aufhalten und gehen. In dem Augenblick, wo oben in der Spitze des Bienenstocks mit dem Bau einer dieser Tafeln begonnen wird, ist die angefangene Wachswand, die später ausgezogen und verdünnt wird, noch sehr stark und trennt die fünfzig oder sechzig Bienen, die auf der Vorderseite arbeiten, vollständig von der gleichen Anzahl Bienen, die die Rückwand ausmeißeln, sodass sie sich gegenseitig nicht sehen können, vorausgesetzt, dass ihre Augen nicht die Gabe haben, die dunkelsten Körper zu durchdringen. Nichtsdestoweniger gräbt keine Biene der Vorderseite ein Loch oder klebt ein Wachsstück an, das nicht einer Aus- oder Einbuchtung auf der anderen Seite entspräche, und umgekehrt. Wie fangen sie das an? Wie kommt es, dass die eine nicht zu tief und die andere nicht zu flach gräbt? Wie kommt es, dass alle Winkel der Rhomben stets so wunderbar zusammentreffen? Wer sagt ihnen, hier anzufangen und dort aufzuhören? Wir müssen uns wieder einmal mit der Antwort begnügen, die keine Antwort ist: Es ist ein Mysterium des Bienenstocks. Huber hat versucht, dieses Geheimnis zu erklären; er hat gesagt, sie riefen durch den Druck ihrer Füße oder ihrer Zähne in gewissen Abständen leichte Ausbuchtungen auf der entgegengesetzten Seite hervor, oder sie überzeugten sich von der größeren oder geringeren Stärke der Wachswand durch den Grad der Biegsamkeit, Elastizität oder einer anderen physischen Eigenschaft des Wachses, oder auch, ihre Fühler schienen zur Untersuchung der zartesten, fernsten Umrisse gemacht und dienten ihnen zum Kompass im Unsichtbaren, oder endlich, die Lage aller Zellen ergäbe sich mit mathematischer Genauigkeit aus der Anlage und den Größenverhältnissen der obersten Zellen, ohne dass es anderweitiger Maßnahmen bedürfte. Aber diese Erklärungen sind, wie man sieht, unzulänglich. Die Ersteren sind unbeweisbare

Hypothesen, und die anderen geben dem Mysterium nur einen anderen Namen. Und wenn es auch gut ist, mit den Mysterien so oft wie möglich einen Namens- und Ortswechsel vorzunehmen, so darf man sich doch nicht dem Irrglauben hingeben, dass solch ein Ortswechsel hinreichte, um sie zu zerstören.

Verlassen wir endlich die eintönigen Tafeln und die geometrische Einöde der Zellen. Hier sind fertige Waben, die bewohnt werden können. Wenn auch nur verschwindend Kleines sich zu verschwindend Kleinem fügt, ohne scheinbare Aussicht auf Fortschritt, und unser Auge, das so wenig sieht, hinblickt, ohne etwas zu sehen, so bleibt der Wachsbau doch keinen Augenblick stehen, weder tagsüber noch nachts, vielmehr wächst er mit außerordentlicher Geschwindigkeit. Mehr als einmal ist die Königin schon durch das Dunkel der wachsbleichen Werkstätten gelaufen, und sobald die ersten Reihen der künftigen Wohnung entstanden sind, ergreift sie von ihnen Besitz, und mit ihr das Gefolge ihrer Leibwache, ihrer Beraterinnen und Mägde, denn man kann nicht sagen, ob sie geführt oder begleitet, verehrt oder überwacht wird. An der Stelle angekommen, die sie für geeignet hält oder die ihre Ratgeberinnen ihr bezeichnen, krümmt sie den Rücken, beugt sich zurück und führt das Ende ihres langen, spindelförmigen Hinterleibs in eine der Zellen ein, während all die kleinen aufmerksamen Köpfe mit den großen schwarzen Augen sie begeistert umringen, ihr die Beine stützen, die Flügel streicheln und mit ihren fiebernden Fühlern über sie hintasten, wie um sie zu ermutigen, zu drängen und zu beglückwünschen.

Die Stelle, an der sie sitzt, erkennt man leicht; sie bildet in jener gestirnten Kokarde, oder besser in jener ovalen Brosche, die den mächtigen Broschen unserer Großmütter ähnelt, den Mittelstein. Es ist nämlich bemerkenswert, da sich die Gelegenheit, dies zu bemerken, hier bietet, dass die Arbeitsbienen ihrer Königin niemals den Rücken zukehren. Sobald sie sich einer Gruppe nähert, stellen sich alle mit den Augen und Fühlern gegen sie und gehen rückwärts vor ihr. Es ist dies ein Zeichen von Ehrfurcht oder vielleicht von Besorgnis, die, so grundlos sie hier auch scheinen mag, nichtsdestoweniger immer rege und ganz allgemein ist. Kommen wir indes auf unsere Königin zurück.

Oft geschieht es bei dem leichten Krampf, der das Eierlegen sichtbar begleitet, dass eine ihrer Töchter sie in ihre Arme schließt und, Stirn an Stirn, Mund an Mund, mit ihr zu flüstern scheint. Sie bleibt diesen etwas überschwänglichen Liebesbezeugungen gegenüber jedoch ziemlich gleichgültig; sie regt sich nie auf, nimmt sich stets Zeit und geht ganz in ihrem Beruf auf, der für sie mehr eine Liebeswonne als eine Arbeit zu sein scheint. Endlich, nach Verlauf einiger Sekunden, richtet sie sich ruhig wieder auf, macht einen Schritt zur Seite, dreht sich etwas um und steckt den Kopf in die Nebenzelle, um sich, bevor sie den Hinterleib in diese einführt, zu überzeugen, ob alles in Ordnung ist und ob sie dieselbe Zelle nicht zweimal bestiftet, während zwei oder drei Bienen aus ihrem Gefolge schnell nacheinander in die von ihr verlassene Zelle stürzen, um nachzusehen, ob das Werk vollbracht ist, und das kleine bläuliche Ei, das sie auf den Boden gesetzt hat, mit ihrer Fürsorge zu umgeben oder richtig hinzustellen.

Von nun an rastet sie bis zu den ersten Herbstfrösten nicht mehr im Eierlegen; sie legt, während sie gefüttert wird, und schläft, wenn sie schläft, beim Legen. Sie ist fortan die Verkörperung jener alles verschlingenden Macht, die jeden Winkel des Stockes ergreift: der Zukunft. Schritt für Schritt folgt sie den unglücklichen Arbeitsbienen, die sich im Bauen der Wiegen erschöpfen, welche ihre Fruchtbarkeit heischt. Man kann auf diese Weise einem Wettkampf zweier mächtiger Instinkte folgen, dessen Ausgang auf verschiedene Wunder des Bienenstocks genügend Licht wirft, nicht um sie zu erklären, wohl aber, um auf sie hinzuweisen.

Es kommt beispielsweise vor, dass die Arbeitsbienen in ihrer treuen Hausfrauenfürsorge, die sie Vorräte für schlechte Zeiten aufspeichern heißt, einen Vorsprung gewinnen, indem sie die Zellen, die sie der Habsucht der Gattung abgerungen haben, in aller Eile mit Honig füllen. Aber die Königin kommt herbei; die materiellen Güter müssen dem Gedanken der Art weichen, und die Arbeitsbienen schaffen den lästigen Schatz voller Verzweiflung hastig beiseite.

Es kommt auch vor, dass ihr Vorsprung eine ganze Wabe beträgt: dann haben sie das Symbol der Tyrannei einer Zukunft, die keine von ihnen je erblicken wird, nicht mehr vor Augen und bauen, sich dies zu Nutze machend, so schnell wie möglich eine Reihe von großen sogenannten Drohnenzellen, die viel leichter und schneller zu errichten sind. In dieser undankbaren Zone angelangt, bestiftet die Königin hie und da nicht ohne Widerwillen eine Zelle, überschlägt die meisten anderen und fordert, am Ende angelangt, neue Arbeitsbienenzellen. Die Arbeitsbienen gehorchen, verengen die Zellen allmählich, und die unersättliche Mutter setzt ihren Rundgang fort, bis sie von den Enden des Bienenstocks wieder zu den ersten Zellen gelangt. Diese sind in der Zwischenzeit von der jetzt auskriechenden ersten Generation geräumt worden, welche sich aus ihrem dunklen Geburtswinkel soeben über die Blumen der Umgegend ergießt, die Sonnenstrahlen bevölkert und die schönsten Stunden des Jahres belebt, um sich ihrerseits wieder dem nachfolgenden Geschlecht zu opfern, das sie in ihren Wiegen schon ablöst.

Und die Bienenkönigin, wem gehorcht sie? Der Nahrung, die ihr gegeben wird, denn sie ernährt sich nicht selbst, sie wird wie ein Kind von eben jenen Arbeitsbienen gefüttert, die sie durch ihre Fruchtbarkeit erschöpft. Und diese Nahrung wiederum, die ihr die Arbeitsbienen zuteilen, hängt von dem Blumenreichtum und den Ergebnissen der Trachtzeit ab. Auch hier also, wie überall auf Erden, ist ein Teil des Kreises in Finsternis getaucht; auch hier, wie überall, kommt der höchste Befehl von außen, von einer unbekannten Macht, und die Bienen gehorchen gleich uns dem namenlosen Herrn des kreisenden Rades, welches die Kräfte, die es bewegen, zermalmt.

Als ich einem Freund kürzlich in einem meiner Beobachtungskästen die Bewegung dieses Rades zeigte, die so sichtbar ist, wie die einer großen Wanduhr, als er die Unruhe und das zahllose Hin und Her auf den Waben, das beständige, rätselhafte, tolle Beben und Zittern der Pflegerinnen auf dem Brutnest, die lebenden Gänge und Leitern, welche die Wachszieherinnen bilden, die alles befruchtenden Spiralen der Königin, das mannigfaltige, unaufhörliche Schaffen des Schwarms, die erbarmungslose und vergebliche Arbeit, den verzehrenden Eifer im Gehen und Kommen, das Fehlen jeglichen Schlafs, außer in den Wiegen, welche von Arbeit umringt sind, ja selbst das Fernbleiben des Todes von einem Ort, der weder Krankheit noch Gräber zulässt – als er dies alles sah, wandte er nach dem ersten Staunen die Augen ab, und ich las darin Trübsal und Trauer.

In der Tat steht im Bienenstock hinter dem fröhlichen Eindruck des ersten Anblicks, hinter den leuchtenden Erinnerungen der schönen Tage, die ihn erfüllen und zur Juwelenlade des Sommers machen, hinter dem trunkenen Hin und Her, das ihn mit den Blumen, den Wasserbächen und dem blauen Himmel, mit dem friedlichen Überfluss aller schönen und glücklichen Dinge verknüpft – hinter all diesen äußeren

Wonnen verbirgt sich in der Tat ein Schauspiel, das zum Trau-rigsten gehört, was man sehen kann. Und wir Blinde, die wir nur blöde die Augen öffnen, wenn wir diese unschuldig Verur-teilten ansehen, wir wissen wohl, dass es nicht sie allein sind, die wir zu erkennen trachten, dass es nicht sie allein sind, die wir nicht verstehen, sondern nur eine traurige Gestalt jener großen Kraft, die auch uns beseelt.

Ja, wenn man will, so ist dies traurig, wie alles in der Natur, wenn man es näher betrachtet. Und es wird so lange traurig sein, solange wir ihr Geheimnis nicht kennen, noch ob sie eines hat. Und wenn wir eines Tages erfahren, dass sie keins hat oder dass dieses Geheimnis schauerlich ist, dann werden andere Pflichten zutage treten, die vielleicht noch namenlos sind. Inzwischen möge unser Herz sich sagen, wenn ihm da-nach gelüstet: »Es ist traurig«, aber unsere Vernunft möge sich begnügen, zu sagen: »Es ist so.« Unsere Pflicht ist zu dieser Stunde, danach zu suchen, ob hinter diesem Traurigen nicht etwas anderes liegt, und darum soll man die Augen nicht da-von abwenden, sondern es fest in den Blick nehmen und mit so viel Mut und Teilnahme erforschen, als wäre es etwas Freu-diges. Es gebührt sich, die Natur zu befragen, ehe wir sie ver-urteilen und uns beklagen.

Wir haben gesehen, dass die Arbeitsbienen, sobald sie durch die bedrohliche Fruchtbarkeit der Mutter nicht mehr gedrängt werden, Vorratszellen anlegen, die sich mit geringeren Mitteln bauen lassen und mehr Fassungsvermögen haben als die Ar-beitsbienenzellen. Wir haben andererseits gesehen, dass die Königin lieber die kleinen Zellen bestiftet und unaufhörlich nach solchen verlangt. Nichtsdestoweniger schickt sie sich, wenn keine da sind, in die Verhältnisse und legt in Erwartung neu zu erbauender Arbeitsbienenzellen ihre Eier auch in die großen Zellen, die sie auf ihrem Weg findet.

Die Bienen, die aus ihnen hervorgehen, sind männliche Bienen oder Drohnen, wiewohl die Eier ebenso aussehen wie die der Arbeitsbienen. Nun aber ist hier, im Gegensatz zur Verwandlung einer Arbeitsbiene in eine Königin, nicht die Form und der größere Umfang der Zelle für die Veränderung maßgebend, denn wenn man ein Ei, das in eine große Zelle gelegt ist, in eine kleine Zelle schafft (was schwer zu bewerkstelligen ist, weil das Ei sehr klein und verletzlich ist, sodass mir diese Umquartierung nur vier- oder fünfmal geglückt ist), so geht daraus ein mehr oder minder schmächtiges, aber unverkennbares Männchen hervor. – Die Königin muss beim Eierlegen also das Vermögen haben, das Geschlecht des Eis zu erkennen oder zu bestimmen und der Größe der Zelle, über der sie niederhockt, anzupassen. Es kommt selten vor, dass sie sich täuscht. Wie geschieht das? Wie ist es möglich, dass sie bei den Tausenden von Eiern, die ihre beiden Eierstöcke enthalten, die männlichen und weiblichen zu scheiden weiß, und wie gelangen diese nach ihrem Willen in den gemeinsamen Eileiter?

Wir stehen hier wiederum vor einem der Wunder des Bienenstocks, und zwar vor einem der unerklärlichsten. Es ist bekannt, dass die jungfräuliche Königin keineswegs unfruchtbar ist, dass sie hingegen nur Drohneneier legen kann. Erst nach der Befruchtung beim Hochzeitsausflug bringt sie Drohnen- und Arbeitsbieneneier zur Welt, und zwar bleibt sie von dem Hochzeitsausflug an bis zu ihrem Tode mit den Samenfäden geschwängert, die sie ihrem unglücklichen Buhlen entreißt. Diese Samenfäden, deren Zahl Dr. Leuckart auf fünfundzwanzig Millionen schätzt, bleiben in einer besonderen Samentasche unter den Eierstöcken am Anfang des gemeinsamen Eileiters bewahrt und halten sich darin lebend. Man nimmt an, dass die enge Öffnung der kleinen Zellen und die Art, wie die Form dieser Mündung die Königin zwingt, sich zu bücken und niederzuhocken, auf die Samenfäden einen gewissen Druck ausübt, sodass dieselben herausquellen und das Ei im Vorbeigleiten befruchten. Dieser Druck findet nicht statt bei den großen Drohnenzellen, und die Samentasche öffnet sich dann nicht. Andere dagegen sind der Meinung, dass die Königin wirklich Herrin der Schließmuskeln ihrer Samentasche ist, und in der Tat sind diese Muskeln außerordentlich zahlreich, ausgebildet und mannigfach. Ohne darum entscheiden zu wollen, welche von diesen zwei Hypothesen die bessere ist, denn je weiter man geht, desto mehr nimmt man wahr, je mehr man einsieht, dass man nur ein Schiffbrüchiger auf dem bisher fast unerforschten Meer der Natur ist, desto besser erkennt man, dass immer eine Tatsache bereit ist, aus dem Schoße einer plötzlich transparenter werdenden Welle emporzutauchen und mit einem Schlag alles zu vernichten, was man zu wissen glaubte –, so kann ich doch nicht leugnen, dass ich mehr der letzteren Annahme zuneige. Denn einmal beweisen die Experimente eines Bienenvaters aus Bordeaux, namens Drory, dass die Königin, auch wenn alles Drohnenwerk aus dem Stocke entfernt ist, sobald der Augenblick zum Legen von Drohneneiern gekommen ist, nicht zögert, diese in Arbeitsbienenzellen zu legen und umgekehrt Arbeitsbieneneier in Drohnenzellen, wenn man ihr keine anderen übrig gelassen hat. Ferner geht aus den schönen Beobachtungen von Fabre über die Mauerbienen (Osmiae), einsame Kunstbienen aus der Familie der Bauchsammler, zur Genüge hervor, dass die Mauerbiene das Geschlecht des Eis, das sie legen wird, nicht nur im Voraus kennt, auch die Geschlechtsbestimmung liegt in der Macht der Mutter, und diese richtet sich dabei nach dem ihr zu Gebote stehenden Platz, »der oft vom Zufall abhängig und nicht modifizierbar ist«, indem sie hier ein männliches, dort ein weibliches Ei legt. Ich will auf die Einzelheiten der Experimente dieses großen französischen Entomologen nicht näher eingehen; sie sind zu verwickelt und würden uns zu weit führen. Aber welche Hypothese auch zuletzt recht behält, sie würden beide die Vorliebe der Königin, nur Arbeitsbienenzellen zu »bestiften«, ganz ohne Einbeziehung der Zukunft erklären.

Es ist dabei nicht ausgeschlossen, dass die Sklavin dieser Zukunft, die wir zu beklagen geneigt sind, vielleicht eine große Liebende, ein Ausbund von Wollust ist und in der Vereinigung des männlichen und weiblichen Prinzips, die sich in ihrem Wesen vollzieht, eine gewisse Wonne und gleichsam einen Nachgeschmack der Trunkenheit ihres einzigen Hochzeitsausflugs empfindet. Vielleicht ist die Natur, die nie sinnreicher, nie hinterlistiger, weit blickender und erfindungsreicher ist, als wenn sie die Fallen der Liebe stellt, auch hier darauf bedacht gewesen, das Interesse der Gattung auf eine persönliche Wonne zu stützen. Aber seien wir vorsichtig und lassen wir uns nicht von unserer eigenen Erklärung blenden. Der Natur derart einen Gedanken zuschreiben und wähnen, das sei genug, heißt einen Stein in einen unerforschlichen Abgrund zu werfen, wie man ihn auf dem Grund mancher Höhlen findet, und sich dabei einzubilden, das Echo, das dieser Stein im Fallen verursacht, werde alle unsere Fragen beantworten und uns mehr offenbaren als die Unermesslichkeit des Abgrunds.

Wenn man nachspricht: Die Natur will dies, sie organisiert dieses Wunder, strebt diesen Endzweck an, so läuft das auf dasselbe heraus, wie wenn man sagt: Eine kleine Erscheinung des Lebens behauptet sich während der Zeit, in der wir sie beobachten können, auf der ungeheuren Oberfläche der Materie, die uns leblos erscheint und die wir darum, anscheinend sehr zu Unrecht, das Nichts oder den Tod nennen. Ein durchaus nicht notwendiges Zusammentreffen von Umständen ließ diese Erscheinung unter tausend anderen, vielleicht nicht minder sinn- und belangreichen, sich durchsetzen, während diese nicht die Gunst der Verhältnisse besaßen und auf ewig verschwunden sind, ohne dass wir sie hätten bestaunen können. Es wäre tollkühn, wollte man mehr sagen, und alles Übrige, unsere Gedanken und unser hartnäckiger Glaube an Zwecke, unser Hoffen und unsere Bewunderung ist im Grunde etwas Unbekanntes, das wir in etwas noch Unbekannteres werfen, um ein kleines Geräusch zu verursachen, das uns ein Bewusstsein von der höchsten Stufe des besonderen Daseins gibt, die wir auf dieser stummen und unerforschlichen Oberfläche erreichen können, wie der Kondor in seinem Flug und die Nachtigall in ihrem Lied den Ausdruck der höchsten Stufe des besonderen Daseins ihrer Art erblickt. Nichtsdestoweniger bleibt es eine unserer unzweifelhaftesten Pflichten, dieses kleine Geräusch hervorzurufen, ohne uns dadurch entmutigen zu lassen, dass es wahrscheinlich vergeblich ist.

4

Die jungen Königinnen

Schließen wir hier unseren jungen Bienenstock, wo der Kreislauf des Lebens von Neuem beginnt, wo das Leben sich ausbreitet und mehrt, um sich alsbald wieder zu teilen, wenn es den Gipfel seiner Macht und seines Glücks erreicht hat, und öffnen wir noch einmal den Mutterstock, um zu beobachten, was nach Abzug des Schwarms darin geschieht.

Sobald die Aufregung des Aufbruchs sich gelegt hat und zwei Drittel der Einwohner ohne Aussicht auf Wiederkehr ausgewandert sind, liegt der Stock verödet wie ein Körper, der sein Blut verloren hat. Er ist matt, entkräftet, fast tot. Trotzdem sind einige Tausend Bienen zurückgeblieben. Sie nehmen unverdrossen, wenn auch etwas gedrückt die Arbeit wieder auf, suchen die Fehlenden so gut wie möglich zu ersetzen, entfernen die Spuren der vorangegangenen Orgie, verschließen die zum Plündern freigegebenen Vorräte, befliegen die Blüten, wachen über die Speicher der Zukunft, kurz, sind sich ihrer Aufgabe bewusst und ihrer Pflicht, welche ein ganz bestimmtes Schicksal vorschreibt, treu ergeben.

Aber wenn die Gegenwart trübe erscheint, so ist alles, worauf das Auge fällt, von Hoffnungen erfüllt. Wir sind in einem jener Märchenschlösser der deutschen Sage, dessen Wände aus tausend und abertausend Phiolen bestehen, welche die Seelen der Ungeborenen enthalten. Wir sind an der Stätte des Lebens, das dem Leben vorausgeht. Überall ruhen in wohlverschlossenen Wiegen, in dem zahllosen Übereinander der wunderbaren sechseckigen Zellen, Myriaden von Nymphen, weißer als Milch, die Beine zusammengelegt und das Köpfchen über die Brust gebeugt, und warten auf die Stunde des Erwachens. Wenn man sie so sieht in ihrem einförmigen Grab, das, aus seiner Umgebung herausgelöst, fast durchsichtig ist, so möchte man sagen, es sind eisgraue Zwerge in tiefem Sinnen oder Legionen von Jungfrauen in die Falten ihres Leichentuches gehüllt und in sechskantige Prismen eingesargt, die ein unbezähmbarer Geometer bis zum Wahnsinn fort und fort gebaut hat.

Auf dem gesamten Umkreis dieser senkrechten Mauern, in denen eine werdende, sich wandelnde Welt ruht, die vier- oder fünfmal die Hülle wechselt und ihr Linnen im Finstern webt, tanzen ein paar Hundert Arbeitsbienen flügelschlagend herum, um die nötige Wärme zu erzeugen und auch noch um eines dunkleren Zweckes willen, denn ihr Reigen weist außergewöhnliche, methodische Bewegungen auf, die einen, wie ich glaube, bisher von keinem Beobachter erschlossenen Zweck erfüllen.

Nach Verlauf weniger Tage reißen die Deckel dieser Myriaden von Urnen (man zählt deren in einem starken Bienenstock 60 000 bis 80 000), und zwei große ernste schwarze Augen kommen zum Vorschein, darüber ein Paar Fühler, die das Dasein ringsum schon betasten, während die tätigen Kinnbacken die Öffnung erweitern. Sogleich kommen die Ammen herbei, helfen der jungen Biene aus ihrem Gefängnis heraus, stützen, bürsten und säubern sie und bieten ihr auf der Spitze ihrer Zunge den ersten Honig ihres neuen Lebens dar. Sie, die aus einer anderen Welt kommt, ist noch betäubt, blass und schwankend; sie hat das hinfällige Aussehen eines kleinen Greises, der dem Grab entronnen ist. Man möchte sagen, sie ist wie ein Wanderer, der mit dem flaumigen Staub der unbekannten, zum Dasein führenden Straßen bedeckt ist. Im Übrigen ist sie vom Kopf bis zu den Füßen vollkommen entwickelt, weiß unmittelbar alles, was sie zu wissen hat, und begibt sich, gleich jenen Kindern des Volkes, die sozusagen schon in der Wiege lernen, dass sie nie die Zeit haben werden, zu lachen und zu spielen, alsbald nach den noch verdeckelten Zellen, um ebenfalls mit den Flügeln zu schlagen, sich rhythmisch zu bewegen und ihre noch schlummernden Schwestern zu wärmen, ohne dass es ihr in den Sinn käme, das erstaunliche Rätsel ihrer Bestimmung und ihrer Gattung lösen zu wollen.

Einstweilen bleiben ihr die anstrengendsten Verrichtungen freilich noch erspart. Sie verlässt den Stock erst acht Tage nach ihrer Geburt, um ihren ersten »Reinigungsausflug« zu machen und ihre Luftsäcke mit Luft zu füllen. Diese schwellen alsbald auf, weiten ihren ganzen Körper und vermählen sie von Stund an dem unendlichen Raum. Danach fliegt sie heim, wartet noch eine Woche und befliegt dann in Gemeinschaft mit ihren Altersgefährtinnen zum ersten Mal die Blüten, nicht ohne eine ganz bestimmte Aufregung zu verraten, die dem Bienenzüchter wohlbekannt ist. Man sieht in der Tat, wie sich die jungen Bienen fürchten, wie sie, die Kinder des Dunkels und der Enge, vor dem azurnen Abgrund und der unendlichen Einsamkeit des Lichtes schaudern, und ihre tastende Freude ist aus Schrecken gewebt. Sie bleiben vor der Schwelle stehen, sie zögern, fliegen zwanzigmal aus und ein, wiegen sich in den Lüften, den Kopf beharrlich ihrem Geburtshause zugewandt, beschreiben große Halbkreise nach oben und fallen plötzlich unter der Last eines Heimwehs herab; und ihre dreizehntausend Augen prüfen oder spiegeln wider und behalten miteinander alle Bäume, den Springbrunnen, das Gitter, das Spalier, die Dächer und Fenster der Umgebung, bis die luftige Straße, auf der sie heimwärts fliegen werden, so unwandelbar in ihr Gedächtnis eingegraben ist, als wäre sie mit dem Stahlgriffel in den Raum geritzt.

Da wir hier zufällig ein neues Mysterium berühren, so wollen wir es nicht unbefragt am Wegesrand liegen lassen. Es ist immer vorteilhaft, ein Mysterium zu befragen, und wenn es keine Antwort gibt, so trägt doch selbst sein Schweigen zur Erweiterung unserer bewussten Unwissenheit bei, welche das fruchtbarste Feld unserer Tätigkeit ist. Wie also finden die Bienen ihre Wohnung wieder, die sie oft durchaus nicht sehen können, da sie meist unter Bäumen versteckt ist, und deren Flugloch jedenfalls nur ein winziger Punkt im Raum ist? Wie ist es möglich, dass man sie in einem Kasten zwei oder drei Kilometer vom Bienenstock fortbringen kann und sie ihn doch nur äußerst selten nicht wiederfinden?

Sehen sie ihn durch die Gegenstände hindurch? Finden sie sich mithilfe von Merkzeichen zurecht oder besitzen sie etwa jenen besonderen, noch wenig bekannten Sinn, den wir gewissen Tieren, beispielsweise den Schwalben und Tauben zuschreiben und den man den Richtungssinn nennt? Die Experimente von J. Fahre, Lubbock und vor allem Romanes scheinen zu beweisen, dass sie von diesem seltsamen Instinkt nicht geleitet werden. Andererseits habe ich mehr als einmal die Erfahrung gemacht, dass sie Form und Farbe des Bienenstocks keineswegs berücksichtigen. Sie scheinen sich mehr an den gewohnten Anblick des Bienenstands, an die Lage des Fluglochs und die Stellung des Flugbretts zu halten.[9] Aber selbst das ist nebensächlich, und wenn man beispielsweise, während sie ihre Tracht holen, die Vorderseite ihrer Wohnung von oben bis unten verändert, kommen sie nichtsdestoweniger aus den Tiefen des Horizonts direkt darauf zugeflogen und zögern nur in dem Augenblick etwas, in dem sie die unverkennbare Schwelle betreten. Ihre Orientierungsmethode scheint, soweit wir dies nach unseren Erfahrungen beurteilen

können, vielmehr auf einem System von Merkzeichen zu be-
ruhen und außerordentlich fein und zuverlässig zu sein. Es ist
nicht der Bienenstock, den sie wiedererkennen, es ist der Platz,
den er unter den umliegenden Gegenständen einnimmt. Und
dieser Ortssinn ist so wunderbar genau, so mathematisch sicher und so tief in ihr Gedächtnis eingegraben, dass, wenn der
Bienenstock nach vier oder fünf Monaten der Einwinterung
in einem dunklen Keller wieder an seinen Platz gestellt und
das Flugloch wenige Zentimeter zur Seite gerückt wird, alle
Bienen, wenn sie mit der ersten Tracht heimkehren, genau an
der Stelle anfliegen, wo es sich im vorigen Jahr befand; nur
allmählich finden sie tastend den verschobenen Eingang. Man
möchte glauben, der Raum habe den ganzen Winter hindurch
die unzerstörbare Spur ihrer Flüge sorgfältig bewahrt, und der
Pfad ihrer Emsigkeit sei in die Luft eingegraben.

So kommt es auch, dass viele Bienen sich verirren, sobald
man den Bienenstock woanders aufstellt, ausgenommen, wenn
es sich um eine große Reise handelt oder die ganze Gegend, die
sie in einem Umkreis von bis zu drei oder vier Kilometern
genau kennen, völlig verändert ist, oder endlich, wenn man
ein Brett vor dem Flugloch anbringt und ihnen dadurch be-
greiflich macht, dass sich etwas verändert hat, dass sie sich neu
orientieren und andere Merkpunkte aussuchen müssen.

Indessen kehren wir zu dem sich allmählich wieder bevölkern-
den Bienenstock zurück, in dem sich eine Wiege nach der anderen öffnet und selbst der Stoff der Wände in Bewegung zu
geraten scheint. Aber der Stock hat noch keine Königin. An
den Rändern des Brutnests erheben sich sieben bis acht bi-
zarre Bauten, die an der rauen Oberfläche der gewöhnlichs-
ten Zellen wie die Kreise und Protuberanzen aussehen, welche
den fotografischen Mondbildern ein so seltsames Gepräge geben. Es sind sozusagen runzlige Wachskapseln oder hängende,

ringsum geschlossene Eicheln, die den Raum von drei oder vier Arbeitsbienenzellen einnehmen. Sie sitzen gewöhnlich auf einem Fleck, und eine vielzählige, eigentümlich unruhige und aufmerksame Wache beschirmt diesen Teil des Stocks, über dem irgendein Zauber zu walten scheint. Es ist das Reich der Mütter. In jede dieser Zellen wurde vor Aufbruch des Schwarms ein Ei gelegt, das genauso aussieht wie die, aus denen die Arbeitsbienen hervorgehen, sei es von der Königin selbst, sei es, was wahrscheinlicher ist, obwohl es bisher nicht festgestellt wurde, von den Arbeitsbienen, indem diese es von einer der benachbarten Zellen hinüberschafften.

Nach drei Tagen entsteht aus dem Ei eine kleine Larve, die eine besondere, möglichst reichliche Nahrung erhält, und nun können wir die Natur in der Verfolgung einer ihrer beliebtesten Methoden belauschen, die, handelte es sich um den Menschen, sogleich den anspruchsvollen Namen Verhängnis erhalten würde. Die kleine Larve macht infolge dieser Behandlungsart eine ganz besondere Entwicklung durch, und ihr Geist und Körper verändern sich dergestalt, dass die Biene, die aus ihr hervorgeht, einer ganz anderen Insektengattung anzugehören scheint. Die Königin – denn sie ist es –, lebt vier bis fünf Jahre, statt fünf oder sechs Wochen. Ihr Hinterleib ist zweimal länger, von hellerer, goldiger Farbe, ihr Stachel ist gekrümmt, ihre Augen zählen nur sechs- bis siebentausend Facetten, statt zwölf- oder dreizehntausend. Ihr Hirnschädel ist enger, aber ihre Eierstöcke sind mächtig entwickelt, und sie besitzt ein besonderes Organ, die so genannte Samentasche, die sie gewissermaßen zweigeschlechtlich macht. Sie besitzt keinerlei Arbeitswerkzeuge, weder Organe zur Wachsbildung, noch Bürsten und Körbchen zum Einsammeln des Blütenstaubs. Sie hat keine der Gewohnheiten und Leidenschaften, die uns von der Biene unzertrennlich scheinen. Sie empfindet keinen Sonnendurst, kein Verlangen nach dem Luftraum, sie stirbt, ohne auch nur eine Blume beflogen zu haben. Sie verbringt ihr Dasein im Dunkeln und in der Enge des Bienenstocks, voll unermüdlichen Verlangens nach Wiegen für die Brut. Dafür lernt sie allein die Freuden der Liebe kennen. Sie weiß nicht, ob sie das Licht zweimal in ihrem Leben erblicken wird, denn das Schwärmen ist nicht unbedingt notwendig; vielleicht wird sie nur ein einziges Mal ihre Flügel gebrauchen, aber dieser einzige Ausflug gilt ihrem Geliebten. Es ist sonderbar zu sehen, dass so viele Dinge, Organe, Gedanken, Sehnsüchte und Gewohnheiten, kurz, ein ganzes Schicksal, sich dergestalt nicht in einem Samen befindet – dies wäre das gewöhnliche Wunder von Pflanze, Tier und Mensch –, sondern in einem fremden, trägen Stoff: nämlich in einem Honigtropfen.[10]

Ungefähr eine Woche ist seit dem Scheiden der alten Königin verstrichen. Die königlichen Nymphen, die in ihren Kapseln schlummern, sind nicht alle gleichaltrig, denn die Bienen haben ein Interesse daran, dass die Königinnen nur nacheinander herauskommen, je nachdem, ob das Volk sich entscheidet, dem ersten Schwarm einen zweiten, dritten oder vierten nachzusenden. Seit einigen Stunden tragen sie allmählich die Wände der reifsten Zelle ab, und bald streckt die junge Königin, die gleichzeitig von innen an dem gerundeten Deckel nagt, den Kopf heraus, kommt halb zum Vorschein und kriecht schließlich mithilfe der Wärterinnen, die herbeilaufen, sie bürsten, reinigen und liebkosen, ganz heraus, um ihre ersten Gehversuche auf der Wabe zu machen. Sie ist, wie die auskriechenden Arbeitsbienen, bleich und schwankend, aber nach zehn Minuten steht sie schon fest auf den Beinen und läuft voller Unruhe, in dem Gefühl, dass sie nicht allein ist, dass sie ihr Reich erobern muss, dass es irgendwo noch Prätendenten gibt, über alle Wachsmauern hin und sucht nach ihren Nebenbuhlerinnen. Hier greifen nun die Weisheit, der Instinkt, der Geist des Bienenstocks oder die Masse der Arbeitsbienen mit einer geheimnisvollen Entscheidung ein. Am überraschendsten ist es, wenn man den Gang dieser Ereignisse in einem Bienenstock mit Glaswänden mit den Augen verfolgen kann. Denn man gewahrt nie das geringste Zaudern, die geringste Uneinigkeit. Man findet nie das geringste Zeichen von Zwist und Streit. Eine vorherbestimmte Einmütigkeit herrscht überall; es ist dies der Dunstkreis des Bienenstaats, und jede Biene scheint im Voraus zu wissen, was die anderen denken werden. Trotzdem ist der Augenblick für sie sehr ernst; es ist, genau genommen, der Augenblick, wo es sich um Leben und Bestand des Stocks handelt. Sie haben zwischen drei oder vier weitreichenden Möglichkeiten zu wählen, die in ihren Folgen völlig verschieden sind und durch ein Nichts verhängnisvoll werden können. Sie haben die eingeborene Leidenschaft oder Pflicht der Vermehrung der Art mit der Erhaltung des Bienenstocks und seiner Sprösslinge in Einklang zu bringen. Bisweilen greifen sie fehl und senden nacheinander vier oder fünf Schwärme aus, wodurch der Mutterstock übermäßig geschwächt wird. Sie sind dann nicht mehr imstande, sich schnell genug zu vermehren, werden durch unser Klima überrascht, welches nicht das Klima ihres Ursprungslandes ist, das sie trotz allem noch immer in Erinnerung behalten, und gehen mit Einbruch des Winters zugrunde. Sie werden so das Opfer des sogenannten Schwarmfiebers, das, wie das gewöhnliche Fieber, eine Art von zu heftiger Reaktion des Lebens ist, die über das Ziel hinausschießt, den Kreis schließt und mit dem Tod endet.

Von diesen Entschlüssen, die sie fassen können, scheint keiner vorherbestimmt zu sein, und der Mensch kann, wenn er bloßer Zuschauer bleibt, nicht voraussehen, welchen sie wählen werden. Aber dass diese Wahl immer überlegt ist, das geht daraus hervor, dass er sie beeinflussen und selbst herbeiführen kann, indem er gewisse Umstände modifiziert, indem er beispielsweise den Raum, den er ihnen zur Verfügung stellt, verkleinert oder vergrößert, indem er gefüllte Honigwaben mit leeren Waben, die Arbeitsbienenzellen enthalten, vertauscht und umgekehrt.

Es handelt sich also für sie nicht darum, ob sie sofort einen zweiten oder dritten Schwarm aussenden werden; dies wäre, könnte man sagen, nur ein blinder Entschluss, der durch die Launen und Reizungen einer guten Stunde veranlasst wird; es handelt sich vielmehr darum, vom Fleck weg und in voller Übereinstimmung Maßregeln zu ergreifen, die es ihnen ermöglichen, drei bis vier Tage nach Geburt der ersten Königin einen neuen Schwarm, und drei Tage nach Aufbruch der jungen Königin mit diesem Schwarm einen dritten Schwarm auszusenden. Man kann nicht leugnen, dass hierin ein ganzes System, eine ganze Kombination von zukünftigen Dingen liegt, die sich, wenn man die Kürze ihres Lebens in Erwägung zieht, über einen beträchtlichen Zeitraum erstreckt.

Diese Maßregeln nun betreffen die Pflege der jungen Königinnen, die noch in ihren Wachssärgen schlafen. Ich will annehmen, der »Geist des Bienenstocks« entschließt sich, keinen zweiten Schwarm auszusenden. Auch dann stehen noch zwei Wege offen. Sollen sie der Erstgeborenen unter den jungen Prinzessinnen, deren Geburt wir beiwohnten, gestatten, ihre feindlichen Schwestern zu vernichten, oder sollen sie abwarten, bis sie die gefährliche Zeremonie des Hochzeitsausflugs vollzogen hat, von der die Zukunft des Volkes abhängen kann? Zuweilen lassen sie den unmittelbaren Mord zu, oft auch widersetzen sie sich ihm, aber man sieht ein, dass schwer zu sagen ist, ob dies in Voraussicht der Gefahren des Hochzeitsausflugs geschieht oder weil ein zweiter Schwarm ausgesandt werden soll, denn es ist oft beobachtet worden, dass sie sich zur Aussendung eines zweiten Schwarms entschlossen, dann aber plötzlich ihren Willen geändert und die ganze vor der Wut der Erstgeborenen beschirmte Nachkommenschaft vernichtet haben, sei es, dass die Witterung zu ungünstig wurde, sei es aus einem anderen, für uns unerfindlichen Grund. Aber nehmen wir einmal an, sie hätten auf das Schwärmen verzichtet und die Gefahren des Hochzeitsausflugs angenommen.

Wenn also unsere junge Königin, von Eifersucht getrieben, sich dem Gebiet der königlichen Wiegen naht, so macht die Wache ihr Platz; sie stürzt sich in ihrer Eifersucht wutentbrannt auf die erste Zelle, auf die sie trifft, und versucht mit Füßen und Zähnen die Wachshülle zu zerreißen. Sie erbricht die Zelle, zerreißt das Gespinst, mit dem die Innenwände bekleidet sind, entblößt die schlafende Prinzessin, und wenn ihre Nebenbuhlerin bereits erkenntlich ist, dreht sie sich um, führt ihren Stachel in die Zelle ein und bohrt ihn wild in den Leib der Gefangenen, bis diese den Wunden der vergifteten Waffe erliegt. Dann beruhigt sie sich; der Tod, der dem Hass aller Wesen eine geheimnisvolle Schranke setzt, scheint sie zu befriedigen, und sie zieht ihren Stachel heraus, um sich einer anderen Zelle zuzuwenden. Sie öffnet diese gleichfalls, lässt sie jedoch unversehrt, sobald sie nur eine Larve oder unentwickelte Nymphe darin findet, und hält erst dann inne, wenn sie, röchelnd und erschöpft, mit ihrem Zähnen kraftlos an den Wachsmauern abgleitet.

Die Bienen, die um sie sind, sehen ihrem Tun zu, ohne daran teilzunehmen, und weichen zurück, um ihr freies Feld zu lassen, aber sobald sie eine Zelle erbrochen und zerstört hat, eilen sie herbei, zerren den Leichnam, die noch lebendige Larve oder die verletzte Nymphe hervor und schaffen sie aus dem Stock, um sich alsdann voller Gier auf die königliche Nahrung zu stürzen, die auf dem Zellenboden zurückgeblieben ist. Wenn schließlich die Wut ihrer erschöpften Königin nachlässt, vollenden sie selbst den Mord der Unschuldigen, und das Königsgeschlecht verschwindet mitsamt seinen Häusern.

Es ist dies neben der Drohnenschlacht, die übrigens noch entschuldbarer ist, die furchtbarste Stunde des Bienenstocks, die einzige, wo die Arbeitsbienen dem Tod und der Zwietracht Einlass in ihr Haus gewähren, und auch hier, wie so oft in der Natur, sind es die Bevorzugten der Liebe, welche die außergewöhnlichen Zeichen des gewaltsamen Todes tragen.

Bisweilen – doch der Fall ist selten, denn die Bienen wissen ihm vorzubeugen – schlüpfen zwei Königinnen zugleich. Dann entspinnt sich gleich nach Verlassen der Wiege der tödliche Zweikampf, der Huber Gelegenheit zu einer eigentümlichen Entdeckung gab.

Jedes Mal, wenn die beiden Jungfrauen in ihren Chitinpanzern einander so gegenüberstehen, dass sie sich, wenn sie ihren Stachel zücken, gegenseitig durchbohren würden, scheint, wie in den Kämpfen der Ilias, ein Gott oder eine Göttin – vielleicht der Gott oder die Göttin der Rasse – sich ins Mittel zu legen, und die beiden Kriegerinnen lassen wie in plötzlichem Schrecken voneinander ab und fliehen sich gegenseitig voller Entsetzen, um alsbald wieder aufeinander loszufahren, sich abermals zu fliehen, wenn das zwiefache Verhängnis die Zukunft ihres Volkes von Neuem bedroht, und so fort, bis es einer von beiden gelingt, ihre Nebenbuhlerin bei einer unvorsichtigen oder ungeschickten Bewegung zu überlisten und gefahrlos zu töten.

Denn das Gesetz der Gattung heischt nur ein Opfer.

Hat die junge Königin dergestalt die königlichen Wiegen zerstört oder ihre Nebenbuhlerinnen ermordet, so wird sie von dem Volk anerkannt, und es bleibt ihr, um wirklich zu regieren und so behandelt zu werden wie ihre Mutter, nur noch eines übrig, nämlich den Hochzeitsausflug zu vollziehen; denn die Bienen kümmern sich wenig um sie und erweisen ihr wenig Ehre, solange sie unfruchtbar ist. Aber oft ist ihre Geschichte nicht so einfach, und die Arbeitsbienen verzichten selten auf das Vergnügen, noch ein zweites Mal zu schwärmen.

In diesem wie in dem obigen Fall nähert sie sich, vom selben Verlangen getrieben, den Königinnenzellen, aber statt hier unterwürfige Dienerinnen und Zuspruch zu finden, prallt sie gegen eine vielzählige, feindselige Wache, die ihr den Weg versperrt. Von ihrem fixen Gedanken getrieben, sucht sie zornig den Durchgang zu erzwingen oder zu umgehen, allein, überall trifft sie auf Schildwachen, die die schlummernden Prinzessinnen behüten. Hartnäckig versucht sie, zum zweiten Mal durchzubrechen, sie wird immer unwirscher zurückgewiesen und selbst misshandelt, und schließlich begreift sie dunkel, dass die kleinen unbeugsamen Arbeitsbienen ein Gesetz vertreten, vor dem das ihre zurückstehen muss.

Zuletzt zieht sie sich zurück und tobt ihren ungestillten Zorn von Wabe zu Wabe aus, wobei sie jenes dem Bienenzüchter so wohl bekannte Kriegsgeschrei oder vielmehr jenen drohenden Klagegesang ertönen lässt, der wie ein ferner silberner Trompetenton klingt und doch so deutlich vernehmbar ist in seiner zornigen Schwäche, dass man ihn, namentlich des Abends, durch die doppelten Wände des bestverschlossenen Stocks hindurch auf drei oder vier Meter Entfernung hört.

Dieser königliche Zornesruf ist von magischer Wirkung auf die Arbeitsbienen. Er versetzt sie in eine Art Schrecken oder ehrfürchtige Starre, und wenn die Königin ihn auf die verteidigten Zellen ausstößt, so halten die Wachen, die sie umringen und fortzuzerren suchen, plötzlich inne, neigen den Kopf und warten regungslos, bis er verklungen ist. Man nimmt übrigens an, dass der Totenkopfschmetterling *(Acherontia atropos)* diesen Ruf nachahmt und durch die bezaubernde Wirkung desselben in die Stöcke einzudringen und sich voll Honig zu saugen vermag, ohne dass die Bienen an eine Abwehr denken.

Zwei oder drei Tage, bisweilen auch fünf, irrt dieses zornige Ächzen durch den Bienenstock und fordert die beschützten Prätendenten zum Kampf heraus. Inzwischen haben diese sich völlig entwickelt, drängen ans Licht und beginnen an ihren Zellendeckeln zu nagen. Eine große Gefahr scheint den Staat zu bedrohen. Aber der Geist des Bienenstocks hat, als er seine Entscheidung traf, alle ihre Folgen vorausgesehen, und die wohl unterrichteten Schildwachen wissen Stunde für Stunde, was sie zu tun haben, um Überraschungen vonseiten eines entgegengesetzten Instinkts zuvorzukommen und die beiden feindlichen Gewalten zum Ausgleich zu führen. Es ist ihnen also wohl bewusst, dass die jungen Königinnen, die es in ihrem Kerker nicht mehr hält, wenn sie wirklich herauskämen, in die Hand ihrer bereits unbesiegbaren älteren Schwester fallen und eine nach der anderen den Tod erleiden würden. Sobald also eine der lebendig Eingemauerten die Tore ihres Turms von innen zu öffnen versucht, bauen sie von außen eine neue Lage von Wachs vor, und die ungeduldige Gefangene arbeitet hartnäckig an ihrer Befreiung, ohne zu ahnen, dass sie eine Zauberwand durchnagt, die immer wieder nachwächst. Sie vernimmt dabei die Herausforderung ihrer Nebenbuhlerin, und da sie ihre Bestimmung und ihre königliche Pflicht kennt, noch ehe sie einen Blick ins Leben hat tun können, noch ehe sie weiß, wie ein Bienenstock aussieht, so antwortet sie aus der Tiefe ihres Kerkers. Da aber ihr Ruf durch die Wände eines Grabes dringen muss, so klingt er ganz anders, erstickt und hohl, und wenn der Bienenzüchter gegen Abend, wenn aller Tageslärm sich legt und das Schweigen der

Sterne heraufzieht, am Eingang seiner Wunderstädte horcht, so vernimmt und versteht er das Zwiegespräch der umherirrenden Jungfrau mit den noch eingekerkerten.

Diese verlängerte Haft ist den jungen Prinzessinnen übrigens höchst heilsam. Wenn sie ausschlüpfen, sind sie reifer und kräftiger und schon zum Ausfliegen bereit. Andererseits hat das Warten auch die freie Königin gestärkt, sodass sie jetzt imstande ist, den Gefahren des Schwärmens zu trotzen. Der zweite oder Nachschwarm verlässt alsdann die Wohnung, an der Spitze die erstgeborene Königin. Unmittelbar nach ihrem Aufbruch lassen die im Stock zurückgebliebenen Arbeitsbienen eine der Gefangenen frei, und diese zeigt alsbald dieselbe Mordlust, stößt denselben Zornesruf aus und verlässt drei Tage später an der Spitze des dritten Schwarms ebenfalls den Stock und so fort, – im Fall des »Schwarmfiebers« bis zur völligen Erschöpfung des Mutterstocks. Der alte holländische Naturforscher Swammerdam erwähnt einen Bienenstock, der durch seine Schwärme und die Schwärme dieser Schwärme in einem Jahre dreißig Kolonien gründete.

Diese außerordentliche Vervielfältigung lässt sich namentlich nach strengen Wintern beobachten, als ob die stets mit dem geheimen Willen der Natur vertrauten Bienen sich der ihrer Gattung drohenden Gefahren bewusst wären. Aber bei normaler Witterung und bei starken, richtig behandelten Völkern bricht das Schwarmfieber selten aus. Viele schwärmen nur einmal, manche überhaupt nicht.

Gewöhnlich verzichten die Bienen schon nach Aussenden des zweiten Schwarms auf eine weitere Volksteilung, sei es, dass sie eine übermäßige Schwächung des Mutterstocks befürchten, sei es, dass die Ungunst des Wetters ihnen Besonnenheit auferlegt. Sie gestatten dann der dritten Königin, den Rest der Gefangenen zu ermorden, und das regelmäßige Leben tritt wieder ein. Der Eifer, mit dem die Arbeit wieder aufgenommen wird, ist dabei umso größer, als fast alle Arbeitsbienen noch sehr jung sind und ihr Stock verarmt und entvölkert ist, sodass große Lücken noch vor Einbruch des Winters ausgefüllt werden müssen.

Die Vorgänge beim Ausfliegen des zweiten und dritten Schwarms sind genau dieselben wie beim ersten, nur sind diese Schwärme weniger volkreich und vorsichtig, denn sie senden keine Spürbienen aus, und die junge, jungfräuliche Königin mit ihrem unbeschwerten Körper fliegt in ihrem Eifer sehr viel weiter und reißt den Schwarm nach dem ersten Anlegen zu einer großen Entfernung vom Mutterstock fort. Es kommt hinzu, dass diese zweite und dritte Auswanderung viel tollkühner und das Schicksal solcher Schwärme recht ungewiss ist. Sie haben als Vertreterin der Zukunft nur eine ungeschwängerte Königin bei sich, und ihr ganzes Geschick hängt von dem bevorstehenden Hochzeitsausflug ab. Ein vorüberfliegender Vogel, einige Regentropfen, ein kalter Wind, ein Irrtum genügen, um das unabwendbare Verhängnis heraufzubeschwören. Die Bienen sind sich dessen so wohl bewusst, dass sie trotz ihrer schon festen Anhänglichkeit an ihre erst seit einem Tag bezogene Wohnung, und trotzdem die Arbeit schon begonnen hat, oft alles im Stich lassen und ihre junge Herrin auf der Suche nach ihrem Geliebten begleiten, um sie ja nicht aus den Augen zu verlieren, sie mit tausend treuen Flügeln zu bedecken und zu schirmen, oder mit ihr unterzugehen, wenn die Liebe sie so weit von dem Stock fortreißt, dass der noch ungewohnte Rückweg in ihrem Gedächtnis schwankt und sich verwirrt.

Aber das Gesetz der Zukunft ist so mächtig, dass keine Biene angesichts dieser Unsicherheit und dieser Gefahren zaudert. Die Begeisterung des zweiten und dritten Schwarms kommt der des ersten gleich. Sobald der Mutterstock seine Entscheidung gefällt hat, findet jede der gefährlichen jungen Königinnen eine Schar von Arbeitsbienen, die ihr Glück mit ihr versuchen wollen und sie auf ihrer Reise begleiten, auf der viel zu verlieren und nichts zu gewinnen ist als die Hoffnung auf Befriedigung eines Triebs. Wer gibt ihnen diese Energie, die wir nie haben, mit der Vergangenheit zu brechen wie mit einem Feind? Wer wählt aus der Menge diejenigen aus, die aufbrechen sollen, und diejenigen, die bleiben? Es ist nicht die und die Altersklasse, die geht oder bleibt: hierher die jüngsten, dorthin die Ältesten. Um jede der auf Nimmerwiedersehen aufbrechenden Königinnen scharen sich ganz alte und ebenso ganz junge Bienen, die sich zum ersten Mal dem schwindeltiefen Luftraum anvertrauen. Ebenso wenig ist es der Zufall, die Gelegenheit, das vorübergehende Aufflackern oder Verblassen eines Gedankens, Instinkts oder Gefühls, das das Stärkeverhältnis des Schwarms bestimmt. Ich habe mich oft bemüht, das Zahlenverhältnis zwischen den bleibenden und scheidenden Bienen festzustellen, und ich habe, wiewohl die Schwierigkeiten des Experiments nicht zu mathematisch genauen Resultaten führten, doch feststellen können, dass dieses Verhältnis, die Stärke des Brutnests, das heißt der bevorstehenden Geburten, eingerechnet, konstant genug ist, um eine wirkliche geheimnisvolle Berechnung durch den Geist des Bienenstocks anzunehmen.

Wir wollen den Abenteuern dieser Schwärme nicht folgen. Sie sind zahlreich und oft verwickelt. Bisweilen vermischen sich zwei Schwärme, manchmal kommt es auch vor, dass zwei oder drei der gefangenen Königinnen in der Aufregung des Aufbruchs ihren Wachen entrinnen und sich der sich bildenden Traube anschließen. Bisweilen benutzt auch eine der jungen Königinnen, wenn sie von Drohnen umringt wird, die

Gelegenheit des Schwärmens, um sich befruchten zu lassen, und reißt dann ihr Volk zu einer außerordentlichen Höhe und Entfernung mit sich fort. In der Praxis der Bienenzucht führt man diese zweiten und dritten Schwärme dem Mutterstock wieder zu. Die Königinnen treffen im Bau wieder aufeinander, die Arbeitsbienen bilden einen Kreis um ihren Kampfplatz, und wenn die Tüchtigere gesiegt hat, so entfernen sie in ihrer Ordnungsliebe und Emsigkeit alsbald die Leichen aus dem Stock, beugen künftigen Gewalttätigkeiten vor, vergessen das Vergangene, klettern wieder in die Zellen hinauf und fliegen von Neuem auf friedlichen Pfaden zu den ihrer harrenden Blumen.

Zur Vereinfachung unserer Darstellung wollen wir die Geschichte der jungen Königin da wieder aufnehmen, wo die Bienen ihr erlauben, ihre Schwestern in ihren Wiegen zu ermorden. Wie ich schon sagte, dulden sie diesen Mord oft nicht, auch wenn sie nicht die Absicht zu hegen scheinen, einen zweiten Schwarm auszusenden. Oft aber lassen sie ihn auch zu, denn der politische Sinn der einzelnen Bienenstöcke desselben Bienenstandes ist ebenso verschieden, wie der der Nationen desselben Erdteils. Aber es steht fest, dass sie eine Torheit begehen, wenn sie ihn zulassen, denn wenn die Königin bei ihrem Hochzeitsausflug umkommt oder sich verirrt, so ist niemand da, der sie ersetzen könnte, und die Arbeitsbienenlarven sind zu alt geworden, um in Königinnenlarven verwandelt werden zu können. Doch die Torheit ist nun einmal geschehen, und die erstgeborene unter den jungen Königinnen ist von ihrem Volk als alleinige Herrin anerkannt worden. Sie ist aber noch Jungfrau. Um ihrer Mutter, an deren Stelle sie getreten ist, in allen Stücken zu gleichen, muss sie in den ersten zwanzig Tagen nach ihrer Geburt den Gatten finden. Geschieht dies aus irgendeinem Grund später, so bleibt sie unwiderruflich Jungfrau. Nichtsdestoweniger ist sie, wie ich schon gesagt habe, auch als solche nicht unfruchtbar. Es handelt sich hier um jenes große Mysterium, jene Vorsicht oder Laune der Natur, die man Parthenogenesis nennt und die sich bei einer Reihe von Insekten findet, unter anderen zum Beispiel bei den Blattläusen, den Schmetterlingen der Gattung Psyche, den Hautflüglern aus der Familie der Gallwespen (Cynipidae). Die jungfräuliche Königin vermag also Eier zu legen, als ob sie befruchtet wäre, aber aus all diesen Eiern, mögen sie in große oder kleine Zellen gelegt werden, entstehen nur Drohnen, und da diese nie arbeiten, sondern stets auf Kosten der (weiblichen) Arbeitsbienen leben, ja nicht einmal ihre eigene Nahrung suchen noch für ihren Unterhalt sorgen können, so tritt wenige Wochen nach dem Tod der letzten erschöpften Arbeitsbienen der völlige Ruin und Untergang des Stockes ein. Die Jungfrau gebiert also nur Tausende von Drohnen, und jede dieser Drohnen oder männlichen Bienen besitzt Millionen von Samenfäden, von denen doch kein einziger in ihren Organismus eindringen kann. Das ist nicht erstaunlicher, wenn man will, als tausend analoge Erscheinungen, denn wenn man sich mit dergleichen Problemen beschäftigt, insbesondere mit denen der Zeugung, so scheint das Wunderbare und Unerwartete gar kein Ende mehr zu nehmen, und alles macht einen noch viel fabelhafteren Eindruck als in den seltsamsten Märchen und Zaubergeschichten; man gerät auch bald in ein so beständiges Staunen, dass man ziemlich schnell das Gefühl der Verwunderung verliert. Doch die Tatsache ist deshalb nicht minder verwunderlich. Wie soll man sich andererseits die Absicht der Natur erklären, wenn sie die verderblichen Drohnen auf Kosten der nötigen und nützlichen Arbeitsbienen derart begünstigt? Fürchtet sie, der weibliche Verstand würde danach trachten, die Zahl dieser Schmarotzer über Gebühr zu beschränken? Oder ist es eine übermäßige Reaktion gegen das Unglück einer unfruchtbaren Königin? Ist es einer jener Fälle von zu gewaltsamer, blinder Vorsicht, welche den Grund des Übels nicht erkennt, über das Ziel hinausschießt und, um einem schlimmen Zufall vorzubeugen, eine Katastrophe herbeiführt? In Wirklichkeit – doch vergessen wir nicht, dass diese Wirklichkeit nicht ganz die natürliche, primitive Wirklichkeit ist, denn im Urwald könnten die einzelnen Kolonien weit mehr zerstreut werden als heutzutage –, in Wirklichkeit liegt, wenn eine Königin nicht geschwängert wird, die Schuld meist nicht bei den Drohnen, die immer zahlreich sind und von sehr weit herbeikommen, sondern an Regen oder Kälte, durch die sie zu lange an den Stock gefesselt wurde, oder wohl gar an ihren unvollkommenen Flügeln, die es ihr unmöglich machen, den Drohnen auf ihrem hohen Flug zu folgen.

Trotzdem kümmert sich die Natur nicht im Mindesten um diese tieferen Ursachen und hat nur das eine leidenschaftliche Streben, möglichst viele Drohnen hervorzubringen. Sie durchkreuzt noch andere Gesetze, um dieses Ziel zu erreichen, und man kann von weisellosen Stöcken oft zwei oder drei Arbeitsbienen von einem solchen Verlangen nach Erhaltung der Art ergriffen sehen, dass sie sich trotz ihrer verkümmerten Eierstöcke zum Eierlegen zwingen. In der Tat schwellen diese Organe unter dem Druck eines verzweifelten Willens an und ergeben einige Eier, aber aus ihnen, wie aus denen der ungeschwängerten Königin, entstehen nur Drohnen.

Man kann hier einen überlegenen, aber vielleicht unüberlegten Willen, der den bewussten Willen einer Lebensform unrettbar kreuzt, gewissermaßen auf frischer Tat und mitten in seinem Eingreifen beobachten. Derartige Eingriffe sind in der Insektenwelt nicht selten. Es ist sehr eigenartig, sie hier zu beobachten; diese Welt ist bevölkerter und vielfältiger als die anderen, gewisse Absichten der Natur treten deutlicher hervor, und man überrascht sie hier bei Versuchen, die man für unabgeschlossen halten könnte. So hat sie beispielsweise ein großes allgemeines Bestreben, das sie überall offenbart: die Verbesserung der Art durch den Sieg des Stärksten. Gewöhnlich bewegt sich der Kampf in ganz bestimmten Bahnen. Die Hekatombe der Schwachen ist ungeheuer, doch was verficht das, wenn dem Sieger nur ein wirksamer und gewisser Lohn zuteil wird? Aber es gibt Fälle, wo man sagen möchte, sie habe noch keine Zeit gehabt, ihre Kombinationen ins Klare zu bringen, wo der Lohn nicht erfolgt, oder das Schicksal des Siegers ebenso verhängnisvoll ist wie das der Besiegten. Um bei unseren Bienen zu bleiben, so wüsste ich nichts, was in dieser Hinsicht auffälliger wäre, als die Geschichte der Triangulinen der Gattung *Sitaris colletis*. Übrigens ist dabei zu bemerken, dass verschiedene Einzelheiten dieser Geschichte der des Menschen durchaus nicht so fernstehen, wie man versucht sein könnte, zu glauben.

Diese Triangulinen sind die Schmarotzer oder, richtiger gesagt, die Läuse einer einsam lebenden wilden Biene (Colletes), die ihr Nest in Erdhöhlen hat. Sie lauern der Biene am Eingang ihrer Wohnung auf, hängen sich zu dritt, zu viert oder fünft, oft noch mehr, an sie und setzen sich auf ihrem Rücken fest. Wenn in diesem Augenblick der Kampf der Starken gegen die Schwachen stattfände, so wäre kein Wort weiter zu verlieren und alles würde nach dem allgemeinen Gesetz verlaufen. Aber ihr Instinkt gebietet ihnen, man weiß nicht warum – und folglich gebietet auch die Natur –, dass sie sich ruhig verhalten, solange sie auf dem Rücken der Biene sitzen. Während diese die Blumen befliegt, Zellen baut und mit Vorräten füllt, halten sie still und harren ihrer Stunde. Aber sobald sie ein Ei gelegt hat, schlüpfen alle darauf, und die harmlose Biene verschließt die Zelle, die sie fürsorglich mit Vorrat versehen hat, ohne zu ahnen, dass sie den Tod ihrer Brut mit einschließt. Sobald die Zelle verkapselt ist, bricht unter den Sitarislarven der unvermeidliche und heilsame Auslesekampf um das einzige Ei aus. Die Stärkste und Geschickteste ergreift ihre Nebenbuhlerin trotz ihres Panzers, hebt sie über ihren Kopf empor und hält sie derart stundenlang in den Klauen, bis sie tot ist. Aber während dieses Kampfes hat eine andere Sitarislarve, die allein geblieben oder ihres Gegners schon Herr geworden ist, sich auf das Ei gestürzt und es angebissen. Die, welche zuletzt gesiegt hat, muss jetzt also mit diesem neuen Feind fertigwerden, was ihr auch nicht schwer fällt, denn die Trianguline, die einen eingeborenen Heißhunger zu stillen hat, klammert sich so hartnäckig an ihr Ei, dass sie gar nicht an Verteidigung denkt. Endlich ist auch sie getötet, und die andere befindet sich im Alleinbesitz des kostbaren und so wohlfeil errungenen Eis. Gierig steckt sie den Kopf in die von ihrer Vorgängerin geschaffene Öffnung und macht sich an die lange Mahlzeit, die sie in ein vollkommenes Insekt verwandeln soll. Aber die Natur, die diese Kampfprobe will, hat die Siegesprämie mit einem so kleinlichen Geiz festgesetzt, dass ein Ei gerade ausreicht, um eine einzige Trianguline zu ernähren, »sodass«, sagt Mayet, dem wir den Bericht dieses erstaunlichen Missgeschicks verdanken, »unsere Siegerin um die Nahrung zu kurz kommt, die ihr letzter Feind vor seinem Tod verzehrt hat, und somit die erste Häutung nicht stattfinden kann. Sie stirbt also gleichfalls und bleibt an der Haut des Eis hängen oder vermehrt in dem flüssigen Zuckersaft die Zahl der Ertrunkenen.«

Dieser Fall liegt zwar selten so klar, steht aber in der Naturgeschichte nicht vereinzelt da. Doch der Kampf zwischen dem bewussten Willen der Trianguline, die leben will, und dem dunklen, allgemeinen Willen der Natur, die ebenfalls will, dass sie lebt und zugleich will, dass sie ihr Leben so verbessert und kräftigt, wie es ihr aus freien Stücken nie einfallen würde, ist hier einmal sichtbar gemacht. Nur führt durch eine seltsame Unachtsamkeit der Natur die erzwungene Verbesserung gerade den Tod der Besten herbei, und die *Sitaris colletis* wären längst ausgestorben, wenn nicht Einzelne von ihnen durch Zufall, und ganz gegen die Absicht der Natur, allein blieben und so dem trefflichen und weit blickenden Gesetz, welches den Sieg des Stärksten fordert, auf diese Weise entrännen.

Es kommt also vor, dass die große Gewalt, die uns unbewusst erscheint, aber notwendigerweise vernünftig ist, denn das Leben, das sie hervorruft und erhält, gibt ihr jederzeit recht – es kommt also vor, sage ich, dass sie Fehlgriffe tut. Ihre höhere Vernunft, die wir anrufen, wenn wir mit der unseren am Ende sind, hat also Mängel. Und wenn dem so ist, wer wird sie wieder gutmachen?

Aber kommen wir auf ihr gebieterisches Eingreifen in Form der Parthenogenesis zurück. Und vergessen wir nicht, dass diese Probleme einer anderen Welt, die uns sehr fern zu sein scheint, uns sehr nahe berühren. Wer wollte leugnen, dass ähnliche, noch geheimere, aber nicht minder gefährliche Eingriffe in die Sphäre des Menschen jederzeit stattfinden? Und wer hat in dem vorliegenden Fall recht, wenn man alles in allem nimmt, die Natur oder die Bienen? Was würde geschehen, wenn diese gelehriger oder intelligenter wären, wenn sie die Absicht der Natur nur zu gut verstünden und bis zur äußersten Konsequenz anwendeten, indem sie immerfort nur Drohnen hervorbrächten, wie sie gebietet? Würden sie nicht Gefahr laufen, ihre Gattung zu vernichten? Muss man glauben, dass es Absichten der Natur gibt, die zu begreifen gefährlich und denen allzu eifrig zu folgen verhängnisvoll ist, und dass eine ihrer Absichten die ist, nicht alle ihre Absichten zu verstehen und zu befolgen? Und steht es nicht ebenso mit den

Gefahren des Menschen? Auch wir fühlen unbewusste Kräfte in uns schlummern, die gerade das Gegenteil von dem wollen, was unser Verstand von uns fordert. Ist es gut, dass unser Verstand, der sich gewöhnlich um sich selbst dreht und dann nicht mehr weiter weiß, diesen Kräften recht gibt und sein unerhofftes Gewicht dem ihren hinzufügt?

Haben wir das Recht, aus der Gefahr der Parthenogenesis zu schließen, dass die Natur Mittel und Zweck nicht immer in Einklang zu bringen vermag, dass das, was sie zu erhalten wähnt, sich oft nur infolge von Vorsichtsmaßregeln erhält, die sie just gegen ihre Vorsichtsmaßregeln ergriffen hat, und oft gar durch fremde Umstände, die sie keineswegs vorausgesehen hat? Aber sieht sie überhaupt voraus, versucht sie etwas zu erhalten? Die Natur, wird man sagen, ist ein Wort, mit dem wir das Unerkennbare belegen, und es ist wenig Grund vorhanden, ihr ein Ziel oder Vernunft zuzutrauen. Allerdings handelt es sich hier um die hermetisch verschlossenen Gefäße, die den Hausrat unserer Weltanschauung bilden. Um nicht ewig die Aufschrift »Unbekannt« darauf zu setzen, denn sie entmutigt und zwingt zum Schweigen, gebrauchen wir, je nach Form und Größe, die Worte »Natur«, »Leben«, »Tod«, »Unendlichkeit«, »Auslese«, »Genius der Art« und viele andere mehr, wie jene, die vor uns lebten, die Namen »Gott«, »Vorsehung«, »Bestimmung«, »Lohn« darauf anbrachten. Das ist alles, wenn man will, und weiter nichts. Aber wenn der Inhalt auch verborgen bleibt, so haben wir doch das eine gewonnen, dass die Aufschriften weniger bedrohlich geworden sind, und dass wir den Gefäßen nähertreten, sie berühren und in heilsamer Wissbegierde das Ohr daran legen können.

Aber welchen Namen man ihnen auch gibt, so viel steht fest, dass zum Mindesten eines dieser Gefäße, das größte von ihnen, das auf seiner Rundung den Namen »Natur« trägt, eine sehr reale Kraft birgt, vielleicht die realste von allen, und jedenfalls weiß sie auf unserem Erdball eine ungeheure und wunderbare Quantität und Qualität von Leben mit so sinnreichen Mitteln zu erhalten, dass man ohne Übertreibung sagen kann, sie übertrifft alles, was Menschengeist zu ersinnen imstande wäre. Und diese Qualität und Quantität sollten sich plötzlich durch andere Mittel erhalten? Oder täuschen wir uns hier, indem wir Vorsichtsmaßregeln zu erkennen wähnen, wo es sich vielleicht nur um einen vom Glück begünstigten Zufall handelt, der eine Million minder glücklicher Zufälle überlebt?

Mag sein, aber diese glücklichen Zufälle geben uns alsdann eine nicht geringere Lehre der Bewunderung als die, welche wir von Dingen, die über dem Zufall stehen, erteilt bekommen. Wir brauchen gar nicht bei den Wesen stehen zu bleiben, die einen Schimmer von Vernunft und Bewusstsein besitzen und gegen die blinden Gesetze anringen können, wir brauchen nicht einmal die ersten zweifelhaften Repräsentanten der untersten Stufen des Tierreichs, die Protozoen, ins Auge zu fassen. Die Experimente des berühmten Mikroskopikers M. H. J. Carter zeigen in der Tat, dass Wille, Absichten und Unterscheidungsvermögen schon bei Embryos von der Winzigkeit der Myxomyceten, der Schleimpilze, zu finden sind, dass Bewegungen, die eine List voraussetzen, sich schon bei Infusorien ohne jeden sichtbaren Organismus zeigen, beispielsweise bei der Amöbe, die den jungen Acineten an der Mündung der mütterlichen Eierstöcke auflauert, weil sie weiß, dass sie dann noch keine giftigen Fühlhörner haben. Dabei besitzt die Amöbe weder Nervensystem noch irgendwelche beobachtungsfähigen Organe. Gehen wir direkt zum Pflanzenreich über; die Pflanzen scheinen keine eigene Bewegung zu haben und allen äußeren Einflüssen ausgesetzt zu sein. Halten wir uns auch nicht bei den fleischfressenden Pflanzen auf, zum Beispiel bei den Drosera, die ganz wie Tiere auf Reize reagieren, sondern sehen und staunen wir, welches Genie manche unserer einfachsten Pflanzen entwickeln, um die kreuzweise Befruchtung, die sie nötig haben, durch eine die Blüte befliegende Biene sicher herbeizuführen. Betrachten wir das wunderbar komplizierte Spiel des Rostellum und der Pollinarien mit ihrem klebrigen Stielende und ihrer mathematisch-automatischen Vorwärtsneigung bei *Orchis morio*, der schlichten Orchidee unserer Himmelsstriche.[11] Verfolgen wir das doppelte, unfehlbare Schaukelspiel der Salbei-Antheren, die den Körper des die Blume besuchenden Insekts an einem bestimmten Punkt berühren, damit es die Narbe einer Nachbarblume genau an derselben Stelle berührt und befruchtet. Folgen wir ferner dem allmählichen Aufklinken und der Berechnung, welche die Narbe von *Pedicularis silvatica* zeigt; beobachten wir die Organe dieser drei Blumen, wie sie beim Hineinkriechen der Biene nach Art jener komplizierten Mechaniken funktionieren, die man in den Schießbuden unserer Jahrmärkte hat, und die sofort in Bewegung treten, wenn ein guter Schütze ins Schwarze getroffen hat.

Wir könnten noch tiefer heruntergehen und, wie Ruskin in seinen *Ethics of the Dust*, den Charakter, die Gewohnheiten und Listen der Kristalle, ihre Kämpfe und Maßnahmen, wenn ein Fremdkörper ihre Absichten stört (die älter sind, als alles, was unsere Fantasie begreift), die Art und Weise, wie sie einen Feind annehmen oder abstoßen, den möglichen Sieg des Schwächsten über den Stärksten beobachten. Zum Beispiel gibt der allmächtige Quarz dem unscheinbaren, heimtückischen Epidot in zuvorkommendster Weise nach und lässt sich von ihm übertrumpfen, während das Bergkristall mit dem Eisen einen bald furchtbaren, bald prachtvollen Ringkampf führt. Mancher durchsichtige Kristall hat ein regelmäßiges, tadelloses Wachstum, eine ungetrübte Reinheit, denn er stößt von vornherein alles Unreine ab, während sein Bruder neben ihm ein krankhaftes Wachstum, eine augenscheinliche Immoralität zeigt, da er alles Unreine annimmt und sich kläglich im Leeren windet. Endlich wäre auf die seltsame Erscheinung der kristallinischen Vernarbung und Reintegration zu verweisen, die Claude Bernard studiert hat, aber dies Mysterium ist zu seltsam. Halten wir uns an unsere Blumen, als an die letzten Glieder eines Lebens, das zu dem unseren noch Beziehungen hat. Es handelt sich hier nicht mehr um Tiere oder Insekten, bei denen wir einen vernünftigen, eigenen Willen annehmen können, infolge dessen sie sich erhalten. Ihnen schreiben wir, zu Recht oder Unrecht, keinen solchen Willen zu. Jedenfalls können wir bei ihnen nicht die geringste Spur jener Organe entdecken, in denen Wille, Vernunft und Initiative zu einer Handlung ihren Sitz oder Ursprung haben. Folglich stammt das, was in ihnen solche Wunder wirkt, unmittelbar aus der Quelle, die wir sonst »die Natur« zu nennen pflegen. Es ist nicht mehr der Verstand des Einzelwesens, sondern die unbewusste, ungeteilte Kraft, welche anderen Gebilden Fallen stellt. Sollen wir daraus folgern, dass diese Fallen keine reinen Zufälle sind, die durch zufällige Wiederkehr zur Regel geworden sind? Dazu haben wir noch kein Recht. Man kann sagen, dass diese Blumen ohne solche wunderbaren Vorrichtungen sich nicht erhalten hätten. Andere, die der kreuzweisen Befruchtung nicht bedurften, wären an ihre Stelle getreten, und niemand hätte das Nichtvorhandensein der Ersteren bemerkt, auch wäre das Leben uns darum nicht minder unbegreiflich, vielfältig und erstaunlich erschienen.

Und doch kann man sich schwerlich der Auffassung verschließen, dass die Vorgänge, welche die glücklichen Zufälle herbeiführen und immer wieder herbeiführen, Akte der Klugheit und Intelligenz sind. Aber welches ist ihre Quelle, die Wesen selbst, oder die Kraft, aus der diese ihr Leben schöpfen? Ich sage nicht: »Was liegt daran?« Im Gegenteil; es läge uns sehr viel daran, dies zu wissen. Einstweilen aber, bis wir erfahren, ob es die Blume ist, die danach trachtet, das von der Natur in sie gelegte Leben zu unterhalten und zu vervollkommnen, oder die Natur, die alles versucht, um das Stück Dasein, das die Blume darstellt, zu erhalten und zu veredeln, oder endlich der Zufall, der zuletzt den Zufall regelt, lädt eine Menge von Erscheinungen zu der Annahme ein, dass etwas Ähnliches wie unsere höchsten Gedanken bisweilen aus einem gemeinsamen Muttergrund hervorgeht, den wir bewundern müssen, ohne sagen zu können, wo er sich befindet.

Bisweilen scheint uns aus diesem gemeinsamen Grund ein Irrtum zu unterlaufen. Aber obwohl wir sehr wenig wissen, so haben wir doch oft Gelegenheit, einzusehen, dass der »Irrtum« ein Akt der Klugheit war, der nur über den Horizont unserer ersten Einfalt hinausging. Selbst in unserem kleinen Gesichtskreis können wir erkennen, dass die Natur, wenn sie sich hier täuscht, es für nützlich hält, ihre angebliche Unachtsamkeit dort wiedergutzumachen. Sie hat die drei Blumen, von denen wir sprechen, in eine so schwierige Lage gebracht, dass sie sich nicht selbst befruchten können, aber sie hält es für vorteilhaft, warum, wissen wir nicht, dass diese drei Blumen sich durch ihre Nachbarinnen befruchten lassen, und das Genie, das sie zu unserer Rechten vergessen hat, bekundet sie zur Linken, indem sie den Verstand ihrer Stiefkinder mehrt. Die Umwege, die sie macht, scheinen uns unerklärlich, aber ihr Genius bleibt stets auf der gleichen Höhe. Sie scheint in einen Irrtum herabzusinken, vorausgesetzt, dass ein Irrtum hier möglich ist, und sie erhebt sich unmittelbar darauf in dem Organ, das diesen Irrtum wiedergutzumachen hat. Wohin wir uns wenden, sie überragt uns überall. Sie ist der Kreisstrom

Okeanos, der die Erde umfließt, die ungeheure Wasserfläche ohne Ebbe, auf der unsere verwegensten und unabhängigsten Gedanken immer nur eine untergeordnete Schaumblase bilden. Wir nennen sie heute »die Natur«, und morgen haben wir vielleicht einen anderen Namen gefunden, der sanfter oder schrecklicher klingt. Inzwischen herrscht sie zur gleichen Zeit und im gleichen Geist über Leben und Sterben und liefert den beiden unversöhnlichen Schwestern die prunkhaften oder vertrauten Waffen, die ihren Busen völlig verändern und schmücken.

Ob sie Maßregeln ergreift, um das, was sich auf ihrer Oberfläche regt, zu erhalten, oder ob man den seltsamsten der Kreise schließen muss, indem man sagt, dass das, was sich auf dieser Oberfläche regt, selbst Maßregeln gegen den Genius ergreift, der es beseelt: das sind Fragen besonderer Art. Es ist für uns nicht möglich, zu wissen, ob eine Gattung trotz der Fürsorge des höheren Willens unabhängig von ihm oder schließlich allein durch ihn sich erhalten hat. Alles, was wir feststellen können, ist, dass die und die Art sich erhält, und folglich hat die Natur in diesem Punkt recht. Aber wer kann uns sagen, wie viele andere, die wir nicht kennen, ihrer Achtlosigkeit oder Ungeduld zum Opfer gefallen sind? Alles, was wir noch feststellen können, sind die überraschenden und bisweilen bedrohlichen Formen, die, bald in absoluter Unbewusstheit, bald in einer Art von Bewusstheit, das außerordentliche Fluidum annimmt, das Leben heißt, und das uns und alles Übrige beseelt und unsere Gedanken hervorbringt, die es beurteilen, und unsere Stimme, die davon zu reden versucht.

5

DER HOCHZEITSAUSFLUG

Sehen wir indessen zu, auf welche Weise sich die Befruchtung der Bienenkönigin vollzieht. Auch hier hat die Natur außerordentliche Maßregeln ergriffen, um die Vereinigung der beiden Geschlechter aus verschiedenen Stöcken zu begünstigen, ein seltsames Gesetz, zu dem sie durch nichts gezwungen wird, eine Laune vielleicht oder Unachtsamkeit, deren Wiederausgleichung die wundervollsten Kräfte ihrer Wirksamkeit verschlingt. Es ist höchst wahrscheinlich, dass, wenn sie zur Erhaltung des Lebens, zur Milderung des Leidens, zur Herbeiführung eines sanfteren Todes, zur Fernhaltung der schrecklichsten Zufälle halb so viel Geist aufgewandt hätte, als sie für die kreuzweise Befruchtung und einige andere willkürliche Einfälle vergeudet, das Rätsel des Daseins uns minder unbegreiflich und erbarmungswürdig erschienen wäre, als so, wie es sich jetzt unserer Wissbegier darstellt. Doch wir dürfen unser Bewusstsein und den Anteil, den wir am Dasein nehmen, nicht aus dem schöpfen, was vielleicht hätte sein können, sondern aus dem, was ist.

Die jungfräuliche Königin lebt also in der kribbelnden Enge des Bienenstocks mit einigen Hundert sie umschwärmenden Drohnen oder männlichen Bienen, die voller Übermut in stetem Honigrausch leben und keinen anderen Daseinsgrund haben als die Vollziehung eines Aktes der Liebe. Aber trotz der ewigen Berührung der beiden Geschlechter, die woanders überall jegliche Widerstände überwinden, findet die Begattung niemals im Bienenstock statt, und es ist noch nie gelungen, eine eingesperrte Königin zu schwängern.[12] Die sie umringenden Drohnen kennen sie nicht, solange sie in ihrer Mitte weilt. Sie fliegen aus und suchen sie im Luftraum, in den verborgensten Winkeln des Horizonts, ohne zu ahnen, dass sie sie eben verlassen haben, dass sie mit ihr auf derselben Wabe schliefen und sie bei ihrem ungestümen Aufbruch vielleicht angerannt haben. Man möchte sagen, ihre prachtvollen Augen, die ihren ganzen Kopf mit einem blinkenden Helm bedecken, erkennen sie und verlangen nur dann nach ihr, wenn sie im blauen Äther schwebt. Jeden Tag von Mittag bis um drei Uhr, wenn die Sonne am höchsten steht, fliegt ihre federgeschmückte Horde zur Eroberung der Gattin aus, die königlicher und unvergleichlicher ist, als die unerreichbarste Märchenprinzessin, denn zwanzig oder dreißig Stämme sind von allen Stöcken der Nachbarschaft herbeigeströmt und umschwärmen sie: ein Gefolge von mehr als zehntausend Freiern, von denen ein Einziger zu einer einzigen minutenlangen Umarmung auserkoren wird, die ihn mit dem Glück, aber auch mit dem Tod vermählt, während alle anderen das eng verschlungene Paar als unnütze Begleitung umschwirren und bald darauf umkommen werden, ohne das schicksalsvolle Zauberbild wiedergesehen zu haben.

Diese erstaunliche, unsinnige Verschwendung der Natur ist keineswegs übertrieben. In den volkreichsten Stöcken zählt man gewöhnlich vier- bis fünfhundert Drohnen. In entarteten oder schwächeren Stöcken findet man deren oft vier- oder fünftausend, denn je mehr ein Bienenvolk dem Verfall entgegenneigt, desto mehr Drohnen bringt es hervor. Man kann sagen, dass ein Bienenstand von zehn Kolonien im Durchschnitt ein Volk von zehntausend Drohnen in die Luft schickt, von denen höchstens zehn bis fünfzehn Gelegenheit haben werden, den einzigen Akt, zu dem sie da sind, zu vollziehen.

Derweil erschöpfen sie die Vorräte des Volks, und die unermüdliche Arbeit von fünf bis sechs Arbeitsbienen reicht kaum aus, um einen dieser anspruchsvollen und gefräßigen Schmarotzer, die nur mit dem Mund fleißig sind, zu erhalten. Aber die Natur ist stets verschwenderisch, wo es sich um die Funktionen und Privilegien der Liebe handelt. Sie knausert nur bei den Organen und Werkzeugen der Arbeit. Sie ist parteiisch und hart gegen alles, was die Menschen Tugend nennen. Dagegen spart sie nicht bei den Diamanten und Gunstbeweisen, die sie auf den Weg der gleichgültigsten Liebenden ausstreut. Sie ruft überall: »Vereinigt und vermehrt euch, es gibt kein anderes Gesetz und Ziel als die Liebe«, um dann halblaut hinzuzufügen: »Und erhaltet euch nachher, wenn ihr es vermögt, das geht mich nichts weiter an.« Umsonst, etwas anderes zu tun, etwas anderes zu wollen, man findet überall dieselbe Moral, die der unseren so zuwiderläuft. Man beobachte nur an denselben kleinen Wesen ihren ungerechten Geiz und ihre sinnlose Verschwendung. Die pflichttreue Arbeitsbiene muss von der Wiege bis zum Grab in die dichtesten Wälder hinaus, muss tausend versteckte Blüten befliegen, muss im Labyrinth der Honigbehälter, in den verborgenen Schächten der Staubgefäße Honig und Pollen entdecken. Trotzdem sind ihre Augen und Geruchsorgane im Vergleich zu denen der Drohnen verkümmert. Diese könnten fast blind und ohne Geruchssinn sein, ohne darunter zu leiden, kaum ohne sich dessen bewusst zu sein. Sie haben nichts zu tun, keine Beute zu verfolgen, ihre Nahrung wird ihnen fertig zugetragen, und ihr Dasein ist ein ununterbrochenes Honigfest. Aber sie sind die Vollstrecker der Liebe, und die ungeheuerlichsten und unnützesten Geschenke werden mit vollen Händen in den Abgrund der Zukunft geworfen. Einer von tausend unter ihnen wird einmal in seinem Leben das Bild der königlichen Jungfrau im Azurblau erblicken. Einer von tausend wird im Luftraum einen Augenblick der Spur des Weibes folgen, das nicht flieht. Das genügt. Die parteiische Macht hat ihre unerhörten Schätze bis zum Übermaß und Wahnsinn aufgetan. Jedem dieser unwahrscheinlichen Liebhaber, von denen neunhundertneunundneunzig einige Tage nach der Todeshochzeit des tausendsten geschlachtet werden, hat sie 13 000 Augen auf jeder Kopfseite gegeben, während die Arbeitsbiene nur sechstausend hat. Jeden ihrer Fühler hat sie, nach den Berechnungen von Cheshire, mit 37 800 Geruchshöhlen versehen, gegen fünftausend, welche die Arbeitsbiene auf beiden Seiten hat. Wer den Charakter der Natur schildern wollte, so wie er sich aus derartigen Zügen ergibt, der müsste eine ganz ungewöhnliche, unserem Ideal ganz unähnliche Gestalt entwerfen, obschon dieses Ideal doch auch von ihr stammen muss. Aber der Mensch weiß zu wenig, um ein solches Bild zu malen, er könnte nur einen großen Schatten hinzeichnen und zwei oder drei ungewisse Lichter daraufsetzen.

Ich glaube, es sind sehr wenige, die das Hochzeitsgeheimnis der Bienenkönigin belauscht haben, denn diese Hochzeit vollzieht sich in dem unendlichen, blendenden Brautbett des Sommerhimmels. Aber man kann den Aufbruch der Braut und die todkündende Rückkehr der Gattin unter Umständen beobachten.

Trotz ihrer Ungeduld wartet sie im Schatten ihrer Tore Tag und Stunde ab, bis ein wundervoller Morgen sich aus der Tiefe der azurnen Himmelsurne in den hochzeitlichen Raum ergießt. Sie liebt den Augenblick, wo noch ein Rest von Tau auf Blatt und Blüten schimmert, wo die letzte Frische der sinkenden Morgenröte noch gegen die Glut des Tages ringt, wie eine Jungfrau in den Armen eines Kriegsmannes, und die kristallenen Laute des Morgens in dem Schweigen des nahenden Mittags noch nicht ganz verhallt sind.

Dann erscheint sie auf der Schwelle, unbeachtet von den Arbeitsbienen, die ihren Geschäften obliegen, oder auch von ihren betörten Töchtern umringt, je nachdem sie Schwestern im Stock zurücklässt oder nicht mehr ersetzt werden kann. Sie fliegt zuerst rückwärts, lässt sich zwei- bis dreimal auf das Flugbrett nieder, und erst, wenn sie Lage und Anblick ihres Königreichs, das sie noch nie von außen gesehen hat, genau in ihren Geist aufgenommen hat, fliegt sie in gerader Linie scheitelwärts ins Blaue und erreicht so Höhen und eine Lichtzone, zu denen die anderen Bienen sich nie in ihrem Leben aufschwingen. Die Drohnen drunten, die sich träge auf den Blumen wiegen, haben die Erscheinung gesehen und den magnetischen Duft eingesogen, der sich alsbald bis zu den nachbarlichen Bienenstöcken verbreitet. Sofort sammeln sich die Horden und tauchen, ihrer Fährte folgend, in das Meer der Heiterkeit, dessen kristallene Grenzen sich immer weiter verschieben. Freudetrunken über den Gebrauch ihrer Flügel und dem herrlichen Gesetz der Art getreu, das ihr den Liebsten zuführt und nur den stärksten allein in ihre ätherferne Einsamkeit hinaufdringen lässt, steigt sie fortwährend, und die blaue Morgenluft strömt zum ersten Mal in ihre Luftgefäße und braust wie ein himmlisches Blut in den tausend strahlenförmigen Luftröhren ihrer beiden Lungen, die die Hälfte ihres Körpers einnehmen und sich vom weiten Raum nähren. Sie steigt immerfort, bis sie eine öde Zone erreicht, wo kein Vogel ihr Mysterium mehr stört. Sie steigt immerfort, und schon zerteilt und vermindert sich der ungleiche Schwarm unter ihr. Die Schwachen und Kranken, die Greise und Missratenen, die schlecht Ernährten der kraftlosen und heruntergekommenen Völker sehen von ihrer Verfolgung ab und verschwinden im Leeren. Nur eine kleine Schar von Unermüdlichen schwebt noch im unendlichen Raum. Noch eine letzte Anspannung der Flügel, und der Auserwählte der unbegreiflichen Mächte hat sie eingeholt, umarmt und durchdrungen, und von doppeltem Schwunge beflügelt, kreist das eng verschlungene Paar einen Augenblick im tödlichen Delirium der Liebe.

Die Mehrzahl der Wesen hat das dunkle Gefühl, dass Tod und Liebe nur durch eine durchsichtige Haut voneinander getrennt sind. Sie meinen, die Natur wolle streng genommen, dass man in dem Augenblick, wo man neues Leben hervorruft, das seine lässt. Wahrscheinlich ist es diese angeerbte Furcht, die der Liebe solche Bedeutung verleiht. Hier wenigstens offenbart sich diese Absicht der Natur in ihrer primitiven Einfachheit, die ihren Schatten noch auf den Kuss zweier Menschen wirft. Sobald die Vereinigung stattgefunden hat, platzt der Leib der Drohne auf, das Werkzeug der Zeugung löst sich ab und zieht die ganzen Eingeweide nach; die Flügel erschlaffen, und der entleerte Körper stürzt, vom hochzeitlichen Blitz getroffen, kreiselnd in den Abgrund. Dieselbe Absicht, die in der Parthenogenesis die Zukunft des Bienenstocks durch die ungewöhnliche Vermehrung der Drohnen aufs Spiel setzte, opfert hier die Drohnen der Zukunft des Bienenstocks. Sie setzt immer in Erstaunen, diese Absicht; je mehr man in sie einzudringen sucht, desto ungewisser wird sie, und Darwin, um einen Forscher zu nennen, der sie von allen Menschen am leidenschaftlichsten und methodischsten studiert hat, Darwin verliert auf Schritt und Tritt die Fassung und weicht vor dem Unerwarteten und Unvereinbaren zurück. Man sehe nur zu – wenn anders man dem erhebend demütigenden Schauspiel des menschlichen Geistes im Ringen mit dem Unendlichen zusehen will –, man sehe nur zu, wie er die seltsamen, unglaublich geheimnisvollen und zusammenhangslosen Gesetze der Unfruchtbarkeit und Fruchtbarkeit der Bastarde, oder die der Variabilität der Art- und Gattungscharaktere zu entwirren versucht. Kaum hat er ein Prinzip formuliert, so drängen sich schon zahllose Ausnahmen auf, und bald ist das bedrängte Prinzip froh, in einem Eckchen ein Obdach zu finden und als Ausnahme einen Rest von Dasein zu fristen.

Bei der Bastardierung wie bei der Variabilität (namentlich bei den gleichzeitigen Variationen, die man Korrelation des Wachstums nennt), beim Instinkt wie bei den Vorgängen des Kampfes ums Dasein, bei der Auslese, der geologischen Aufeinanderfolge und geografischen Verteilung der organischen Wesen, bei den Verwandtschaften untereinander, kurz überall, ist die Natur tastend und nachlässig, sparsam und verschwenderisch, weitblickend und unaufmerksam, unbeständig und unerschütterlich, lebendig und regungslos, ein- und tausendfältig, großartig und niedrig in demselben Augenblick und derselben Erscheinung. Da sie das unendliche, jungfräuliche Land der Einfachheit vor sich hatte, bevölkert sie es mit kleinen Irrtümern, kleinen, sich widersprechenden Gesetzen und kleinen schwierigen Problemen, die sich ins Dasein verlaufen wie blinde Herden. Freilich ist das nur in unseren Augen so, die nur das von der Realität widerspiegeln, was sich uns und unseren Bedürfnissen angepasst hat, und nichts berechtigt uns zu dem Glauben, dass die Natur ihre Ursachen und Wirkungen, die sich verlaufen haben, aus den Augen verlöre.

Jedenfalls gestattet sie ihnen selten, so weit zu gehen, dass sie widersinnig und gefährlich werden. Sie verfügt über zwei Kräfte, die stets recht haben, und wenn die Erscheinungen gewisse Grenzen überschreiten, winkt sie dem Leben oder dem Tod, und diese stellen die Ordnung wieder her und zeichnen den Weg, der fürderhin zu beschreiten ist, gleichgültig vor.

Sie entschlüpft uns überall, sie missachtet die meisten unserer Regeln und durchbricht alle unsere Maßstäbe. Rechts von uns steht sie weit unter unserem Denken, doch zur Linken überragt sie es plötzlich wie ein Gebirge. Sie scheint sich fortwährend zu irren, sowohl in der Welt ihrer ersten Versuche wie in der der letzten, will sagen, in der Menschenwelt. Sie heiligt hier den Instinkt der dunklen Masse, die unbewusste Ungerechtigkeit der Zahl, die Niederlage von Verstand und Tugend, die flache Durchschnittsmoral, die den großen Strom der Gattung lenkt und offenbar viel niedriger steht als die Moral, wie sie ein Geist erhofft und versteht, der sich dem kleinen, klareren Strome anschließt, welcher dem großen entgegenläuft. Trotzdem fragt derselbe Geist sich vielleicht nicht zu Unrecht, ob es nicht seine Pflicht sei, alle Wahrheit, folglich auch die moralischen Wahrheiten, in dieser Masse und nicht in sich selbst zu suchen, wo sie verhältnismäßig so klar und bestimmt zutage treten.

Es fällt ihm nicht ein, die Vernünftigkeit und Tugendhaftigkeit seines Ideals, das so viele Helden und Weise geheiligt haben, zu verneinen, aber bisweilen sagt er sich doch, dass dieses Ideal sich vielleicht abseits von der großen Masse gebildet hat, deren gestaltlose Schönheit er zu verkörpern wähnt. Er hat bisher mit gutem Grund fürchten können, dass er durch die Anpassung seiner Moral an die der Natur gerade das, was ihm die Krone der Natur zu sein dünkte, vernichten würde, aber heute, wo er sie etwas besser kennt und aus einigen noch dunklen, aber von unerwarteter Größe zeugenden Antworten erkannt hat, dass ihre Pläne und ihre Vernunft ungeheurer sind als alles, was er in seiner Selbstbeschränkung hätte denken können, fürchtet er sie weniger und bedarf darum nicht mehr so unbedingt der Zuflucht zu seiner Sondertugend und Vernunft. Er sagt sich, dass etwas, das so groß ist, keinen erniedrigenden Einfluss haben kann. Er möchte wissen, ob nicht der

Augenblick gekommen ist, wo er seine Gewissheiten, Prinzipien und Träume einer gründlicheren Prüfung unterwerfen soll.

Ich wiederhole es: Er denkt daran, sein menschliches Ideal aufzugeben. Gerade das, was zunächst gegen dieses Ideal spricht, lässt ihn schließlich erneut darauf zurückkommen. Die Natur kann kein schlechter Ratgeber sein für einen Geist, dem jede Wahrheit, die nicht zumindest auf Höhe seines eigenen Strebens steht, nicht hoch genug erscheint, um endgültig des großen Plans würdig zu sein, den er aufzudecken trachtet. Nichts wechselt seinen Platz in seinem Leben, ohne mit ihm zu steigen, und er wird sich noch lange sagen, dass er steigt, wenn er sich dem alten Bild des Guten nähert. Aber in seinem Denken wandelt sich alles mit größerer Freiheit, und er kann in seiner leidenschaftlichen Betrachtung ungestraft bergab steigen, bis er die grausamsten und unsittlichsten Widersprüche des Lebens wie Tugenden schätzt, denn er fühlt im Voraus, dass eine Menge von Tälern nacheinander zu der ersehnten Hochfläche führen. Diese Betrachtung und diese Leidenschaft hindern ihn nicht daran, im Suchen nach dieser Gewissheit, selbst wenn dieses Suchen ihn zum Gegenteil dessen führt, was er liebt, sein Verhalten nach der menschlich schönsten Wahrheit zu regeln und sich an das am höchsten stehende Vorläufige zu halten. Alles, was die wohltätige Tugend mehrt, geht unmittelbar in seinem Leben auf; alles, was sie schmälern würde, bleibt ungelöst darin, wie eines jener unlöslichen Salze, die sich erst zur Stunde des entscheidenden Experimentes rühren. Er kann eine niedrige Wahrheit annehmen, aber um danach zu handeln, wird er – vielleicht jahrhundertelang – warten, bis er erkannt hat, welche Beziehungen zwischen dieser Wahrheit und denen bestehen, die unendlich genug sind, um alle anderen einzuschließen und zu überschatten.

Mit einem Wort, er wird die moralische Weltordnung von der intellektuellen trennen und in die Erstere nur das aufnehmen, was größer und schöner ist als ehedem. Und wenn es tadelnswert ist, diese beiden Ordnungen zu trennen, wie man es oft genug im Leben tut, um schlechter zu handeln, als man denkt, und das Bessere zu erkennen, aber dem Schlechteren zu folgen, so ist es doch immer heilsam und vernünftig, das Schlechtere zu erkennen, aber dem Besseren zu folgen und über seine Gedanken hinaus zu handeln, denn die menschliche Erfahrung gibt uns täglich mehr Hoffnung, dass der höchste Gedanke, den wir erfassen können, noch lange unter der geheimnisvollen Wahrheit stehen wird, nach der wir trachten. Und wenn von alledem auch nichts wahr wäre, so wird er doch von einem vertrauteren Gedanken und Gefühl geleitet. Je mehr Kraft nach seiner Meinung den Gesetzen innewohnt, die zur Selbstsucht, Ungerechtigkeit und Grausamkeit einzuladen scheinen, desto mehr bestärkt er jene anderen, die Großmut, Mitleid und Gerechtigkeit lehren, denn indem er den Anteil des Weltalls und der eigenen Person gleichzusetzen und methodischer abzugrenzen beginnt, findet er in der Letzteren etwas ebenso tief Natürliches.

Indessen kehren wir zu der tragischen Hochzeit der Bienenkönigin zurück. In dem uns beschäftigenden Fall will die Natur also in Anbetracht der kreuzweisen Befruchtung, dass Königin und Drohne sich nur im weiten Raum begatten. Aber ihre Pläne verstricken sich wie ein Netz, und ihre liebsten Gesetze müssen unaufhörlich durch die Maschen von anderen hindurch und diese im nächsten Augenblick wieder durch die der Ersteren. Da sie denselben Himmel mit ungezählten Gefahren bevölkert hat, mit kalten Winden, stürmischen Luftströmungen, Vögeln, Insekten und Wassertropfen, die ihrerseits unbeugsamen Gesetzen gehorchen, muss sie dafür sorgen, dass diese Paarung sich so schnell wie möglich vollzieht. Dies geschieht durch den blitzhaften Tod der Drohne. Eine Minute genügt, und der Rest der Befruchtung vollzieht sich in den Weichen der Gattin.

Diese kehrt von den blauen Höhen schnell in den Stock zurück und schleppt die lang gezogenen Gedärme ihres Buhlen wie eine Oriflamme nach. Einige Bienenkenner behaupten, dass sie bei dieser hoffnungsschwangeren Rückkehr eine große Freude offenbart. Unter anderen entwirft Büchner eine ausführliche Schilderung davon. Ich habe diese hochzeitliche Heimkehr nun oft genug belauscht, aber ich muss gestehen, dass ich nie eine ungewöhnliche Aufregung beobachtet habe, außer wenn es sich um eine junge Königin handelt, die an der Spitze eines Schwarms aufgebrochen ist und die einzige Hoffnung einer neu gegründeten, noch öden Stadt bildet. In diesem Falle stürzen alle Arbeitsbienen ihr wie betört entgegen, um sie zu empfangen. Doch für gewöhnlich scheinen sie sie zu vergessen, obwohl die Zukunft des Volkes oft keine kleinere Gefahr läuft. Sie haben eben alles bedacht, bis dahin, wo sie den Mord der jungen Prinzessinnen zuließen, aber weiter geht ihr Instinkt nicht; es ist wie ein Loch in ihrer Voraussicht. Sie machen also einen ziemlich gleichgültigen Eindruck. Sie heben den Kopf, erkennen vielleicht auch das mörderische Wahrzeichen der Befruchtung, aber immer noch misstrauisch, wie sie sind, verraten sie nichts von der Heiterkeit, die wir von ihnen erwarten. Als positive, wenig illusionsfähige Wesen erwarten sie, bevor sie sich freuen, wahrscheinlich noch andere Beweise. Wir tun unrecht, wenn wir alle Gefühle dieser kleinen Geschöpfe, die uns so unähnlich sind, vermenschlichen und logisch machen wollen. Bei den Bienen, wie bei allen anderen Tieren, die einen Abglanz unseres Verstandes in sich tragen, kommt man selten zu so bestimmten Ergebnissen, wie sie in den Büchern geschildert werden. Es bleiben zu viele Umstände, die uns nicht bekannt sind. Warum soll man sie vollkommener machen, als sie sind, und etwas sagen, was nicht wahr ist? Wenn manche wähnen, dass sie bedeutsamer wären, wenn sie uns glichen, so haben sie noch keinen richtigen Begriff davon, was einem aufrichtigen Geist bedeutsam erscheinen muss. Das Ziel des Beobachters ist nicht, in Erstaunen zu versetzen, sondern zu verstehen, und es ist anziehender, die Lücken eines Verstandes und alle Anzeichen eines von dem unseren abweichenden Zerebralsystems aufzuzeigen, als Wunder davon zu erzählen.

Trotzdem ist die Gleichgültigkeit nicht allgemein, und sobald die Königin atemlos auf dem Flugbrett landet, bilden sich einige Gruppen und geleiten sie in die Vorhalle, in welche die Sonne, der Held aller Feste des Bienenstocks, mit kleinen, furchtsamen Schritten eindringt, um die Wachswände und Honiggirlanden mit goldbraunem Helldunkel zu zieren. Übrigens regt die junge Gattin sich nicht mehr und nicht weniger auf als ihr Volk; es ist nicht viel Raum für unnötige Wallungen in dem engen Hirn der praktischen Barbarenkönigin. Sie hat nur ein Verlangen, nämlich: sich sobald wie möglich von dem lästigen Andenken an ihren Gatten zu befreien, das sie am Gehen hindert. Sie hockt auf der Schwelle nieder und entledigt sich sorgfältig der unnützen Organe, die alsbald von den Arbeitsbienen aus dem Stock geschafft werden, denn die Drohne hat ihr alles gegeben, was sie besaß, und weit mehr, als nötig war. Sie behält nichts bei sich, als in ihrer Samentasche die Samenflüssigkeit, in der Millionen Keime schwimmen, die einer nach dem anderen beim Vorbeigleiten der Eier im Dunkel ihres Leibes die geheimnisvolle Vereinigung des männlichen und weiblichen Elements vollziehen werden, aus der die Arbeitsbienen entstehen. Es ist eine seltsame Umkehrung der Dinge, dass sie das männliche Prinzip liefert und die Drohne das weibliche. Zwei Tage nach der Begattung legt sie

ihre ersten Eier, und alsbald umgibt das Volk sie mit pein-
licher Fürsorge. Sie ist fortan zweigeschlechtlich, und ihr
eigentliches Dasein nimmt jetzt seinen Anfang. Sie verlässt
nie mehr den Stock, sieht nie mehr das Licht, außer bei Begleitung eines Schwarms, und ihre Fruchtbarkeit erlahmt erst
mit ihrem Tod.

Eine seltsame Hochzeit! Die märchenhafteste vielleicht, die
sich träumen lässt, voller Himmelsbläue und Trauerspiel, ein
Aufschwung des Verlangens über das Leben hinaus, blitzhaft
und unvergänglich, kurz und blendend, einsam und unendlich. Eine erhabene Trunkenheit, ein Tod im Reinsten und
Schönsten, was es auf dieser Erde gibt. Im jungfräulichen, unendlichen Raum, in der majestätischen Klarheit des offenen
Himmels schwebt der Augenblick der Wonne; im keuschen
Licht läutert sich alles Unreine, was der Liebe anhaftet, wird
die unvergessliche Umarmung vollzogen und für eine lange
Zukunft einem und demselben Leib das doppelte Vermögen
beider Geschlechter unzertrennlich verliehen.

Die tiefere Wahrheit hat freilich nichts von dieser Poesie;
sie besitzt eine andere, für die wir weniger empfänglich sind,
obwohl wir sie vielleicht dereinst auch begreifen und lieben
werden. Die Natur hat keine Anstalten getroffen, um diesen
beiden »Abkürzungen der Elemente«, wie Pascal sagen würde,
eine glänzende Hochzeit, einen Augenblick idealen Glücks zu
bescheren. Sie hat, wir haben es schon gesagt, nichts anderes
im Sinn, als die Verbesserung der Art durch die Befruchtung
über Kreuz, und um diese sicherzustellen, hat sie das Organ
der Drohne so eingerichtet, dass es keinen anderen Gebrauch
zulässt als im weiten Raum. Die Drohne muss durch andau-
erndes Fliegen ihre beiden großen Luftsäcke vollständig ausdehnen, damit diese beiden luftgefüllten Gefäße den Unter-
teil des Hinterleibes herausdrücken, wodurch die Befruchtung

stattfindet. Das ist das ganze physiologische Geheimnis – »wie trivial«, werden die einen sagen, »fast peinlich« die anderen – des wunderbaren Liebesfluges, der blendenden Verfolgung und der seltsamen Hochzeit.

Und wir, fragt der Poet, sollen wir unsere Freude denn stets über der Wahrheit suchen?

Ja, bei jeder Gelegenheit, in jedem Augenblick, in allen Dingen wollen wir unsere Freude stets zwar nicht über der Wahrheit suchen, was unmöglich ist, denn wir wissen nicht, wo sie zu suchen ist, wohl aber über den kleinen Wahrheiten, die wir erkennen. Wenn ein Gegenstand durch irgendwelchen Zufall, eine Erinnerung, eine Illusion, eine Leidenschaft oder irgendeinen Anlass sich unseren Augen schöner darstellt als den anderen, sei uns dieser Anlass zunächst lieb und teuer! Vielleicht ist es nur ein Irrtum, aber der Irrtum verhindert nicht, dass der Augenblick uns den Gegenstand am schönsten erscheinen lässt, wo wir nahe daran sind, seine Wahrheit zu erkennen. Die Schönheit, die wir ihm verleihen, lenkt unsere Aufmerksamkeit auf seine wirkliche Größe und Schönheit, die durchaus nicht leicht zu entdecken sind und in den Beziehungen aller Dinge zu den allgemeinen, ewigen Gesetzen und Kräften liegen. Die Fähigkeit, zu bewundern, die wir an einer Illusion erprobt haben, ist für die Wahrheit, die ihr später oder früher folgt, unverloren. Mit Worten und Gefühlen der Vergangenheit, mit der Glut, die alte, imaginäre Schönheiten entfesselt haben, nimmt die Menschheit heute Wahrheiten auf, die vielleicht nie geboren wären noch günstigen Boden gefunden hätten, wenn diese längst geopferten Illusionen das Herz und den Verstand, auf welche diese Wahrheiten sich herablassen wollen, nicht erfüllt und bestärkt hätten. Glücklich die Augen, die keiner Illusion bedürfen, um die Größe des Anblicks zu ermessen! Die anderen lernen eben durch die Illusion aufschauen, bewundern und sich freuen. Und so hoch sie auch aufschauen mögen, sie werden nie zu hoch blicken. Je näher man der Wahrheit kommt, desto mehr erhebt sie sich, und je mehr man sie bewundert, desto näher kommt man ihr. Und so hoch sie sich auch freuen mögen, sie werden sich nie im Leeren freuen noch über der unbekannten ewigen Wahrheit, die über allen Dingen wie eine unbestimmte Schönheit schwebt.

Heißt das, wir sollen uns der Lüge befleißigen, einer willkürlichen, unwirklichen Poesie nachtrachten und uns in Ermangelung eines Besseren an dieser erfreuen? Sollen wir etwa in dem vorliegenden Fall, der an sich nichts bedeutet, aber für tausend ähnliche Fälle und unsere ganze Stellung zu gewissen Tatsachenreihen typisch ist – sollen wir in diesem Fall etwa die physiologische Erklärung unterlassen und uns nur an die Empfindung halten, die uns dieser Hochzeitsausflug hinterlässt, der, was auch seine Ursache sein mag, immerhin einer der schönsten lyrischen Vorgänge jener selbstverleugnenden und unwiderstehlichen Gewalt bleibt, der alle Lebewesen gehorchen und die man Liebe nennt? Nichts wäre kindlicher, nichts wäre auch unmöglicher, dank den trefflichen Gewohnheiten, denen heute alle redlichen Geister huldigen.

Die kleine Tatsache, dass die Befruchtung durch die Drohne nur dann stattfindet, wenn die Luftsäcke aufgeschwellt sind, wollen wir mit Freuden aufnehmen, da sie unbestreitbar ist. Aber wenn wir uns damit begnügten, wenn wir nicht darüber hinausblickten, wenn wir daraus folgerten, dass jeder zu hochfliegende oder zu weitgehende Gedanke notwendigerweise unrecht hat und dass die Wahrheit sich immer in materiellen Kleinigkeiten befindet, wenn wir nicht irgendwo, vielleicht in Ungewissheiten, die von größerer Tragweite sind, als die, welche durch die kleine Erklärung nun aufgehellt sind, beispielsweise in dem seltsamen Mysterium der kreuzweisen

Befruchtung, der Fortdauer der Art und des Lebens im Weltplan, eine Fortsetzung dieser Erklärung, eine Fortdauer, des Schönen und Großen im Unbekannten suchen: Ich möchte fast behaupten, dass wir unser Dasein dann in größerem Abstand von der Wahrheit verbringen würden, als diejenigen, welche sich blind auf die poetische und völlig imaginäre Auslegung dieser wunderbaren Hochzeit verlegen würden. Sie täuschen sich ohne Zweifel über Form und Farbe der Wahrheit, aber sie leben weit mehr als die, welche sich schmeicheln, sie ganz und gar in Händen zu halten, in ihrem Dunstkreis und unter ihrem Einfluss. Sie sind darauf vorbereitet, sie zu empfangen, denn es ist ein gastlicher Raum in ihnen, und wenn sie sie nicht sehen, so erheben sie ihre Augen doch zu dem Ort der Schönheit und Größe, wo es heilsam ist, sie zu suchen.

Das Ziel der Natur, welches für uns die alle anderen beherrschende Wahrheit ist, kennen wir nicht. Aber um diese Wahrheit zu lieben, um die Glut, mit der wir nach ihr trachten, in unserem Herzen zu nähren, müssen wir sie für groß halten. Und wenn wir eines Tages erkennen sollten, dass wir auf falscher Fährte sind, dass sie klein und unzusammenhängend ist, so werden wir diese Entdeckung doch nur der Anregung verdanken, die uns ihre vermeintliche Größe gegeben hat, und wenn diese Kleinheit feststeht, wird sie uns lehren, was zu tun ist. Einstweilen ist es nicht zu viel getan, wenn wir im Trachten nach ihr alles Mächtigste und Verwegenste in Bewegung setzen, dessen unser Verstand und Herz fähig sind. Und wenn das letzte Wort in alledem etwas Niedriges sein sollte, so ist es doch nichts Kleines, die Kleinheit oder Hohlheit des letzten Ziels der Natur aufgedeckt zu haben.

Es gibt für uns noch keine Wahrheit, sagte mir eines Tages einer unserer großen zeitgenössischen Psychologen bei einem Spaziergang auf dem Land. Es gibt noch keine Wahrheit, aber es gibt überall drei gute Wahrscheinlichkeiten. Jeder wählt sich eine davon aus, oder besser, sie wählt ihn, und diese Wahl, die er trifft, oder die ihn trifft, geschieht oft ganz instinktiv. Er hält sich fortan an sie, und sie bestimmt Form und Inhalt aller Dinge, die auf ihn eindringen. Der Freund, dem wir begegnen, das Weib, das uns lächelnd entgegengeht, die Liebe, die unser Herz öffnet, der Tod oder Kummer, der es schließt, dieser Septemberhimmel, dieser schöne, anmutige Garten, in dem man, wie in Corneilles »Psyche«, grüne, goldumsäumte Lauben erblickt und die weidende Herde und den Schäfer, der daneben schläft, und die letzten Dorfhäuser und das Meer zwischen den Bäumen: Das alles bückt oder erhebt sich, schmückt oder entkleidet sich seines Reizes, je nach dem Zeichen, das ihm die Wahl, die wir getroffen, macht. Lernen wir unter den drei Wahrscheinlichkeiten wählen. Am Abend meines Lebens, in dem ich so viel nach der kleinen Wahrheit und der physikalischen Ursache geforscht habe, beginne ich, zwar nicht das zu schätzen, was uns von dieser ablenkt, wohl aber das, was ihr vorangeht, und namentlich das, was etwas über sie hinausgeht.

Wir waren auf einer jener Hochebenen im Lande Caux in der Normandie angelangt, das so sanft ist wie ein englischer Park, aber ein natürlicher Park ohne Grenzen. Es ist einer jener seltenen Erdenwinkel, wo das Land vollständig gesund und mit tadellosem Grün bedeckt ist. Etwas weiter nordwärts wird das Klima zu rau, etwas mehr nach Süden wirkt die Sonne erschlaffend und sengend. Am Saum einer Ebene, die sich bis ans Meer herabzog, türmten Bauern einen Getreideschober auf.

Sehen Sie, sagte er, von hier aus gesehen sind sie schön. Sie errichten ein einfaches und doch so wichtiges Ding; es ist das glückbedeutende und fast unveränderliche Denkmal des sich bejahenden Menschenlebens: ein Getreideschober. Die

Entfernung und die Abendluft verwandeln ihre Freudenrufe in eine Art von Lied ohne Worte; es ist wie eine Antwort auf das Hohelied der Bäume, die über unseren Köpfen rauschen. Der Himmel über ihnen ist wundervoll, als ob gütige Geister alles Licht mit feurigen Palmwedeln zu dem Schober hingekehrt hätten, um ihrer Arbeit noch länger zu leuchten. Und die Spur der Palmen ist am Himmel geblieben. Sehen Sie die schlichte Dorfkirche halb zur Seite unter den rundwipfeligen Linden; sie überragt und überwacht sie. Und das Grün des heimatlichen Kirchhofs, der ins heimische Meer schaut. Sie errichten ihr Denkmal des Lebens harmonisch zwischen den Denkmälern ihrer Toten, die dieselben Bewegungen machten und in ihnen weiterleben. Fassen Sie nun das Ganze zusammen. Es ist ohne besondere, allzu hervorspringende Einzelheiten, wie man es in England, Holland oder der Provence finden könnte. Es ist das breite, beschauliche Bild eines natürlichen, glücklichen Lebens, alltäglich genug, um symbolisch zu wirken. Sehen Sie, welches Ebenmaß in der nutzbringenden Betätigung des Menschenlebens liegt! Blicken Sie den Mann an, der die Pferde lenkt, den ganzen Körper des anderen, der die Garbe auf der Gabel hinaufreicht, die Weiber, die sich über das Getreide beugen, und die spielenden Kinder... Sie haben keinen Stein verschoben, keine Erdscholle bewegt, um die Landschaft zu verschönern, sie tun keinen Schritt, sie pflanzen keinen Baum, säen keine Blume, wo es nicht notwendig ist. Das ganze schöne Bild ist nichts als das ungewollte Ergebnis des menschlichen Bemühens, sich eine kurze Zeit in der Natur zu erhalten. Und doch können die unter uns, die ein Bild der Anmut und des Friedens, ein Bild voll tiefer Bedeutung ersinnen oder schaffen möchten, nichts Vollkommeneres entdecken und kommen einfach hierher, um dies zu malen oder zu beschreiben, wenn sie uns Schönheit oder Glück darstellen wollen. Das ist die erste Wahrscheinlichkeit, die einige die Wahrheit nennen. Gehen wir näher heran. Hören Sie den Gesang, der dem Rauschen der großen Bäume so frohgemut antwortet? Er besteht aus groben Worten und Schimpfreden, und wenn ein Lachen erschallt, so hat ein Mann ein Weib mit Schmutz beworfen, oder sie ziehen den Schwächsten, den Buckligen auf, der seine Bürde nicht heben kann, werfen den Lahmen hin oder zausen den Blöden.

Ich beobachte sie seit manchem Jahr. Wir sind in der Normandie, der Boden ist fett und leicht zu bebauen. Hier um den Schober herrscht ein bisschen mehr Wohlstand, sodass man nicht überall eine Szene dieser Art vermutet. Folglich sind die Mehrzahl der Männer Alkoholiker, viele Weiber sind es gleichfalls, und ein anderes Gift, das ich nicht erst zu nennen brauche, verdirbt den Volksschlag vollends. Das Resultat davon sind die Kinder, die Sie da sehen. Dieser Knirps ist skrofulös, dieser Krummbeinige hat einen Wasserkopf. Alle, Männer und Weiber, junge und alte, huldigen den gewöhnlichen Lastern des Bauern. Sie sind brutal, heuchlerisch, verlogen, habgierig, verleumderisch, misstrauisch, neidisch, auf kleinen unerlaubten Profit bedacht, stets mit der niedrigsten Erklärung bei der Hand, schmeichlerisch gegen den Stärksten und so fort. Die Not weist sie aufeinander an und zwingt sie, sich gegenseitig zu helfen, aber wo sie es unbeschadet tun können, trachten alle insgeheim danach, sich zu schaden.

Die Schadenfreude ist die einzige wahre Freude des Ortes. Ein großes Unglück ist der lange gehätschelte Gegenstand heimtückischen Ergötzens. Sie belauschen, beargwöhnen, verachten und verabscheuen einander. Solange sie arm sind, hegen sie gegen die Härte und den Geiz ihrer Brotherren einen zähen und verschlossenem Hass, und wenn sie selber Knechte haben, benutzen sie die Erfahrungen ihrer Knechtszeit, um die Härte und den Geiz, unter denen sie selbst gelitten haben, noch zu übertreffen. Ich könnte Ihnen manche

Einzelheiten über die Schurkereien und Knickereien, die Tyrannei, Ungerechtigkeit und Ränkesucht erzählen, die dieser in Frieden und Himmelsschein ruhenden Arbeit zugrundeliegen. Wir dürfen nicht glauben, dass der Anblick dieses herrlichen Himmels und des Meeres, das jenseits ihrer Kirche einen anderen, greifbareren Himmel bildet, der die Erde umfängt wie ein großer Spiegel voller Bewusstsein und Weisheit, dass dieser Anblick sie erhöbe und erbaute. Sie haben ihn nie genossen. Ihr Denken wird nur von drei oder vier ganz bestimmten Furchtempfindungen geleitet: der Furcht vor Hunger, der Furcht vor der Kraft der öffentlichen Meinung, dem Gesetz, und in der Todesstunde der Furcht vor der Hölle. Um zu zeigen, was sie wert sind, müsste man sie sich einzeln vornehmen. Erst den großen Burschen rechts, der so gemütlich aussieht und so schön die Garbe wirft. Vergangenen Sommer zerbrachen ihm seine Freunde bei einem Streit im Wirtshaus den rechten Arm. Ich habe den Bruch geheilt, es war eine schlimme, komplizierte Geschichte. Ich habe ihn lange gepflegt. Ich habe ihn unterstützt, bis er wieder arbeiten konnte. Er kam alle Tage zu mir. Er hat sich das zunutze gemacht und im Dorf verbreitet, er hätte mich in den Armen meiner Schwägerin überrascht und meine Mutter tränke. Er ist nicht schlecht und will mir nicht böse, im Gegenteil, sein Gesicht strahlt von dem aufrichtigsten Lächeln, wenn er mich sieht. Es war kein sozialer Hass, der ihn dazu trieb. Der Bauer hasst den Reichen nicht, dazu hat er zu viel Respekt vor dem Reichtum. Aber ich denke, mein wackerer Gabelschwinger begriff nicht, warum ich ihn pflegte, ohne daraus einen Vorteil zu ziehen. Er witterte Ränke und wollte nicht der Genarrte sein. Mehr als einer, reich oder arm, hatte es vor ihm ebenso getrieben, oder noch schlimmer. Er glaubte nicht, dass er löge, als er seine Erfindungen verbreitete, er stand unter dem Druck der Moralität seiner Umgebung. Er gehorchte unwissentlich und gewissermaßen wider Willen dem allmächtigen Gebot der allgemeinen Niedertracht... Aber warum dies Bild weiter ausmalen? Wer einige Jahre auf dem Land gelebt hat, der kennt es ja. Das ist also die zweite Wahrscheinlichkeit, die von den meisten »die Wahrheit« genannt wird. Es ist die Wahrheit des notwendigen Lebens. Es ist unzweifelhaft, dass sie auf den zuverlässigsten Tatsachen beruht, den einzigen, die jeder Mensch beobachten und erfahren kann.

Setzen wir uns hier auf diese Garben, fuhr er fort, und sehen wir weiter zu. Verwerfen wir keine der kleinen Tatsachen, welche die eben genannte Realität ausmachen. Lassen wir sie von selber im Raum kleiner werden. Sie füllen den Vordergrund aus, aber hinter ihnen, das muss man wohl zugeben, steht eine große, höchst merkwürdige Kraft, die das Ganze in starken Händen hält. Hält sie es aber nur, oder vielmehr, erhebt sie es nicht? Die Menschen, die wir da sehen, sind nicht mehr in allen Stücken die wilden Tiere La Bruyères, die so etwas wie eine artikulierte Stimme hatten und sich des Nachts in Höhlen verbargen, wo sie von Schwarzbrot, Wasser und Wurzeln lebten...

Die Rasse, werden Sie mir sagen, ist weniger kräftig und gesund. Wohl möglich. Der Alkohol und die andere Plage sind Zufälle, deren die Menschheit auch Herr werden muss. Vielleicht sind es Prüfungen, die manchen unserer Organe, zum Beispiel dem Nervensystem, zum Heil gereichen werden, denn wir sehen das Leben aus den Übeln, die es überwindet, regelmäßig Vorteil ziehen. Überdies kann ein Nichts, das vielleicht morgen gefunden wird, sie unschädlich machen. Dies ist es also nicht, was unseren Blick beschränken darf. Diese Menschen haben Gedanken und Empfindungen, welche diejenigen La Bruyères noch nicht hatten. – Ich mag die einfache, nackte Bestie lieber als das abstoßende Halbtier, murmelte ich. – Da sprechen Sie ganz im Sinne der ersten

Wahrscheinlichkeit, die wir ins Auge fassten, entgegnete er. Vermischen wir sie nicht mit der, die wir jetzt prüfen wollen. Diese Gedanken und Empfindungen sind klein und niedrig, wenn Sie wollen, aber das Kleine und Niedrige ist schon ein Fortschritt gegen das Nichts. Sie gebrauchen sie nur, um sich zu schädigen und in ihrer Mittelmäßigkeit zu beharren, aber es geht in der Natur oft so zu. Die Gaben, die sie gewährt, werden zuerst nur zum Bösen gebraucht und machen das, was sie scheinbar verbessern wollte, nur noch schlimmer, aber zuletzt entspringt diesem Übel doch ein gewisses Gutes. Übrigens bin ich gar nicht darauf aus, den Fortschritt zu beweisen. Er ist je nach dem Standpunkt, von dem man ihn betrachtet, etwas sehr Großes oder etwas sehr Kleines. Die Lage des Menschen etwas menschenwürdiger, etwas weniger qualvoll zu gestalten, das ist ein großes Ziel, das ist vielleicht das sicherste Ideal, aber wenn man von den materiellen Folgen einmal absieht, so ist der Abstand zwischen dem Menschen, der an der Spitze des Fortschritts schreitet, und dem, der blindlings hintendrein läuft, nicht beträchtlich. Unter diesen jungen Bauernflegeln, deren Hirn nur von verworrenen Gedanken erfüllt ist, haben mehrere die Möglichkeit, den Grad von Bewusstsein, in dem wir leben, in kurzer Zeit zu erlangen. Man wundert sich oft, wie klein der Unterschied zwischen der Unbewusstheit dieser Menschen, die man für vollständig hält, und dem Bewusstsein ist, das wir für das höchste ansehen.

Überdies: Woraus besteht denn dieses Bewusstsein, auf das wir so stolz sind? Aus weit mehr Schatten als aus Licht, aus weit mehr erworbener Unwissenheit als aus Wissen, aus weit mehr Dingen, auf deren Erkenntnis wir mit vollem Bewusstsein verzichten müssen als aus bekannten. Trotzdem liegt in ihm alle unsere Würde, unsere wirklichste Größe, und vielleicht ist es die erstaunlichste Erscheinung auf der Welt. Es lässt uns die Stirn zu dem unbekannten Prinzip erheben und zu ihm sprechen: »Ich kenne dich nicht, aber etwas in mir erfasst dich. Du wirst mich vielleicht zerstören, aber wenn du aus meinen Trümmern keinen besseren Organismus zusammensetzen kannst, als ich bin, so bist du meiner nicht wert, und das Schweigen, das dem Tod der Art folgt, zu der ich gehöre, wird dich lehren, dass du gerichtet bist. Und wenn dir nicht einmal daran liegt, eine gerechte Verurteilung zu erfahren, was liegt dann an deinem Geheimnis? Wir wollen es dann nicht mehr ergründen. Es muss stumpfsinnig und schauerlich sein. Du hast durch Zufall ein Wesen hervorgebracht, zu dessen Erzeugung du nicht das Vermögen hattest. Ein Glück für den Menschen, dass du ihn durch einen entgegengesetzten Zufall wieder ausgemerzt hast, ehe er den Abgrund deiner Geistlosigkeit ermessen hat, und noch mehr Glück für ihn, dass er die unendliche Abfolge deiner scheußlichen Zufallsspiele nicht mehr erlebt. Er gehörte nicht in eine Welt, in der seiner Vernunft keine ewige Vernunft entsprach, in der er nach dem Besten trachtete und doch nichts wahrhaft Gutes erreichen konnte.«

Noch einmal: Der Fortschritt ist nicht unbedingt erforderlich, damit das Schauspiel uns begeistert. Das Rätsel genügt, und dieses Rätsel hat in jenen Bauern ebenso viel Größe und mystischen Glanz wie in uns. Man findet es überall, wenn man dem Leben bis auf seinen allmächtigen Urgrund nachgeht. Dieser Urgrund erhält von Jahrhundert zu Jahrhundert einen anderen Namen. Einige waren deutlich und bestimmt und waren tröstlich. Man hat erkannt, dass dieser Trost und diese Bestimmtheit illusorisch waren. Aber mögen wir ihn Gott, Vorsehung, Natur, Zufall, Leben, Geist, Materie, Verhängnis nennen, das Mysterium bleibt sich gleich, und alles, was wir in jahrtausendelanger Erfahrung gelernt haben, ist, ihm einen immer weiteren, uns menschlich näherstehenden Namen zu verleihen, der dem, was wir erwarten, und dem, was sich nicht vorhersehen lässt, Rechnung trägt. Diesen Namen führt er bereits heute, und darum ist er niemals größer erschienen. – Dies ist einer der zahlreichen Fälle der dritten Wahrscheinlichkeit und auch ein Stück Wahrheit.

6

Die Drohnenschlacht

Bleibt nach dem Hochzeitsausflug der Königin der Himmel noch klar und die Luft warm, sind die Blumen noch ergiebig an Nektar und Pollen, so dulden die Arbeitsbienen in einer Art von Nachsicht und Vergesslichkeit oder vielleicht aus übertriebener Vorsicht noch eine Zeit lang die lästige und verderbliche Anwesenheit der Drohnen. Diese gebärden sich im Stock wie die Freier der Penelope im Palast des Odysseus. Sie tafeln und schmausen und führen das müßige Leben von verschwenderischen und rücksichtslosen Ehrenliebhabern. Selbstzufrieden und breitspurig, wie sie sind, versperren sie die Gänge, verstopfen die Tore, stören die Arbeit, rempeln und werden gerempelt und stehen blöde und wichtig da, von blinder, gedankenloser Verachtung aufgeblasen, aber selbst mit Bewusstsein und Hintergedanken verachtet und ohne eine Ahnung von der Erbitterung, die sich still häuft, und dem Schicksal, das ihrer harrt. Um nach Herzenslust zu schlafen, wählen sie sich die wärmste Ecke des Stocks zur Ruhestätte, erheben sich lässig, um aus den offenen Honigzellen, die am schönsten duften, nach Belieben zu saugen, und beschmutzen die Waben, auf denen sie sitzen, mit ihrem Unrat. Die langmütigen Arbeitsbienen gedenken der Zukunft und machen den Schaden stillschweigend wieder gut. Von Mittag bis um drei Uhr, wenn die Landschaft in bläulichem Sommerduft liegt und unter dem sieghaften Auge der Juli- oder Augustsonne in seliger Müdigkeit bebt, fliegen sie aus. Sie tragen einen Helm aus riesigen schwarzen Perlen mit zwei hohen lebendigen Federn, ein Wams von falbem Sammet mit lichten Perlen, ein zottiges Fell und einen vierfachen, starren, durchsichtigen Mantel. Dabei machen sie einen furchtbaren Lärm, drängen die Schildwachen beiseite, stören die Lüfterinnen und rennen die Arbeitsbienen um, die mit ihrer Tracht beladen heimkehren. Sie haben das geschäftige, auffällige und rücksichtslose Auftreten unentbehrlicher Götter, die geräuschvoll zu einem großen, dem gemeinen Volk unbekannten Ziel aufbrechen. So vertrauen sie sich nacheinander stolz und unwiderstehlich dem weiten Luftraum an, um sich alsbald friedlich auf die nächsten Blumen niederzulassen und ihr Mittagsschläfchen zu halten, bis die abendliche Kühle sie wieder aufweckt. Dann kehren sie in demselben gebieterischen Flug in den Stock zurück, laufen dort, stets von der gleichen, unentwegten Absicht erfüllt, wieder an die Honigbehälter, stecken den Kopf bis zum Hals hinein, saugen sich wie Schläuche voll, um ihren erschöpften Kräften aufzuhelfen, und schreiten dann wieder schweren Schrittes zum Lager, wo der gute Schlaf ohne Sorgen und Träume sie bis zum nächsten Mahl umfängt.

Aber die Geduld der Bienen reicht nicht so weit wie die der Menschen. Eines Morgens läuft die längst erwartete Losung durch den Stock, und die friedlichen Arbeitsbienen werden zu Richtern und Henkern. Man weiß nicht, wer die Losung gibt, sie scheint aus der kalten, verstandesmäßigen Entrüstung der Arbeitsbienen plötzlich hervorzubrechen und erfüllt, sobald sie ausgesprochen ist, wie es der Geist des einmütigen Gemeinwesens will, alsbald alle Herzen. Ein Teil des Volks sieht vom Beutemachen ab, um sich ganz dem Werk der Gerechtigkeit zu widmen. Die schamlosen Müßiggänger, die klumpenweise auf den honigspendenden Wänden sitzen, werden in ihrer Sorglosigkeit überrascht und durch ein Heer von zornigen Jungfrauen plötzlich aus dem Schlaf gerissen. Sie wachen glückselig auf und doch unsicher, sie trauen ihren Augen nicht recht, und ihr Erstaunen dringt allmählich durch ihre allgemeine Gleichgültigkeit hindurch, wie ein Mondstrahl durch sumpfiges Wasser. Sie bilden sich ein, sie seien das Opfer eines Irrtums, blicken starr um sich, und da der leitende Gedanke ihres Lebens in ihren dicken Hirnschädeln zuerst lebendig wird, so wenden sie sich nach den Honigbehältern, um sich zu stärken. Aber es ist jetzt nicht mehr die Zeit des Maihonigs, des Blumenweins der Linden und seines ambrosischen Seitenstücks, der Salbei, der Esparsette und des Majoran. Statt des freien Zugangs zu den schönen, vollen Behältern, die ihre gefälligen Zuckerränder unter ihrem Munde öffneten, finden sie ringsum ein grimmes Gestrüpp von gesträubten Giftstacheln. Der Dunstkreis der Stadt hat sich verändert, und statt des freundlichen Nektardufts weht der bittere Hauch jenes Gifts, das in tausend Tröpfchen auf den Spitzen der Stacheln funkelt und Hass und Rache verbreitet. Aber noch ehe die verblüfften Schmarotzer sich dieser unerhörten Verletzung ihres gesegneten Schicksals bewusst werden, ehe sie den Umschwung der Glücksgesetze des Bienenstaats begriffen haben, stürmen schon drei bis vier Gerichtsfrauen auf sie los, versuchen ihnen die Flügel zu kappen, den Hinterleib vom Brustkasten abzutrennen, die fiebernden Fühler zu amputieren, die Füße auszurenken und einen Spalt zwischen den Ringen ihres Panzers zu finden, um ihr vergiftetes Schwert hineinzutauchen. Die ungeschlachten, wehrlosen Tiere denken nicht an Verteidigung, sondern versuchen zu fliehen oder bieten ihr dickes Fell den auf sie niederregnenden Schlägen dar. Auf dem Rücken liegend wehren sie mit ihren starken Fußenden die erbitterten Feindinnen ab, die nicht von ihnen ablassen, oder sie laufen im Kreis herum und reißen den ganzen Haufen in einem tollen Wirbel mit sich fort, der indessen bald erlahmt. Es dauert nicht lange, und sie sind schon so mitleidswürdig, dass das Mitleid, welches in unserem Herzen nie weit von der Gerechtigkeit wohnt, augenblicklich die Oberhand gewinnt und um Gnade bitten würde. Aber umsonst, die harten Arbeiterinnen kennen nur das tiefe, harte Naturgesetz. Die Flügel werden den Ärmsten zerrissen, die Fußwurzeln abgetrennt, die Fühlhörner abgebissen, und ihre prachtvollen schwarzen Augen, in denen der Blumenflor sich spiegelte und der unschuldige Prunk des azurblauen Sommerhimmels widerstrahlte, brechen im Schmerz und in der Trübsal der Todesangst. Die einen erliegen ihren Wunden und werden von zwei oder drei ihrer Henkerinnen sofort nach den abliegenden Kirchhöfen geschleppt. Andere, die weniger schwer verletzt sind, retten sich in einen Winkel, wo sie eng zusammengedrängt sitzen und von einer unerbittlichen Wache blockiert werden, bis sie elendiglich sterben. Vielen gelingt es auch, den Ausgang zu gewinnen und in den Luftraum zu entweichen, wohin ihre Feindinnen sie verfolgen. Aber am Abend, wenn Hunger und Kälte sie quälen, kehren sie scharenweise zum Stock zurück und flehen um Obdach. Doch auch hier finden sie eine erbarmungslose Wache. Am nächsten Morgen beim ersten Ausflug räumen die Bienen die Leichenhügel der unnützen Riesen von der Schwelle fort, und mit ihnen verschwindet die Erinnerung an das Schmarotzergeschlecht aus dem Bienenstock bis zum nächsten Frühling.

Oft findet die Drohnenschlacht in einer großen Zahl von Kolonien desselben Bienenstands gleichzeitig statt. Die reichsten und geordnetesten geben das Zeichen zum Morden. Einige Tage später folgen die weniger begünstigten kleineren Republiken. Nur die ärmsten und kläglichsten Völker, deren Königin sehr alt und fast unfruchtbar ist, lassen ihre Drohnen, in der Hoffnung, dass die junge Königin, die sie erwarten, noch geschwängert wird, bis zum Einbruch des Winters am Leben. Dann kommt das unausbleibliche Elend, und der ganze Schwarm, Mutter, Schmarotzer und Arbeitsbienen, ballt sich zu einem darbenden, dicht verschlungenen Knäuel zusammen und geht im Dunkel des Stocks still zugrunde, bevor der erste Schnee gefallen ist.

Nach dem Strafgericht der Müßiggänger nehmen die starken und wohlhabenden Völker die Arbeit wieder auf, doch mit vermindertem Eifer, denn die Blumen werden immer seltener. Die großen Feste und die großen Trauerspiele sind vorüber. Trotzdem füllen die nahrungspendenden Wände sich zur Vervollständigung der unentbehrlichen Vorräte noch mit Herbsthonig, und die letzten Behälter werden mit dem weißen unverderblichen Wachssiegel verschlossen. Der Wachsbau hört auf, die Geburten nehmen ab, die Todesfälle zu, die Tage werden kürzer und die Nächte länger. Regen und ungünstige Winde, Frühnebel und die Fallen der allzu früh herabsinkenden Dämmerung bringen Hunderten der emsigen Arbeiterinnen den Tod vor den Toren, und das ganze kleine Volk, das so sonnensüchtig ist wie die Zikaden Attikas, sieht der drohenden Winterkälte entgegen.

Der Mensch hat sich seinen Anteil an der Ernte schon vorweg genommen. Jeder der guten Bienenstöcke hat ihm achtzig bis hundert Pfund Honig geliefert – und die reichsten geben bisweilen zweihundert –, den Ertrag riesiger Lichtmeere und endloser Blumenfelder, die sie Tag für Tag und Blüte für Blüte beflogen haben. Jetzt wirft er noch einen letzten Blick auf die der Winterstarre entgegengehenden Völker. Den reichsten nimmt er ihre überflüssigen Schätze und verteilt sie an die stets durch unverdientes Missgeschick verarmten Bewohner dieser emsigen Welt. Er deckt ihre Wohnungen zu, schließt die Eingänge halb, nimmt die unnützen Rahmen heraus und überlässt die Bienen ihrem langen Winterschlaf. Sie ziehen sich dann in der Mitte des Bienenstocks zusammen und hängen sich an die Waben, aus denen während der Frosttage der Ertrag des Sommers geschöpft werden soll. In der Mitte sitzt die Königin, umgeben von ihrer Leibwache. Die erste Reihe der Arbeitsbienen hängt an den gedeckelten Zellen, über ihnen eine zweite Reihe, auf dieser eine dritte und so weiter bis zur letzten, die den anderen als Decke dient. Fühlen die Bienen dieser Deckschicht sich von der Kälte überwältigt, so verschwinden sie in der Masse und werden durch andere ersetzt. Die hängende Traube ist wie eine dunkle Kugel, die durch die Honigwände geteilt wird und sich unmerklich auf und ab, vorwärts und zurück bewegt, je nachdem die Zellen, an denen sie hängt, nachgeben. Denn das Leben der Bienen steht im Winter nicht ganz still, wie man allgemein glaubt, sondern es pulsiert nur langsamer.[13] Durch Zittern mit ihren Flügeln, den kleinen überlebenden Schwestern der Sommerglut, und indem sie je nach den Schwankungen der Außentemperatur bald stärker, bald schwächer »brausen«, unterhalten sie in ihrem Winterlager eine gleichmäßige Temperatur von der Wärme eines Frühlingstages. Dieser verborgene Frühling aber quillt aus dem Honig, der nichts anderes ist als ein vormals verwandelter Wärmestrahl, der nun zu seiner ersten Form zurückkehrt und wie ein edles Blut durch ihren Wintersitz strömt. Die Bienen, die auf den offenen Zellen sitzen, reichen ihn ihren Nachbarinnen und diese geben ihn wieder weiter. Er geht derart von Hand zu Hand, von Mund zu Mund und erreicht schließlich die letzten Glieder des Schwarms, in dessen tausend kleinen Herzen nur ein Gedanke und ein Schicksal lebt. Er ersetzt ihnen Sonnenschein und Blumen, bis sein älterer Bruder, die Sonne, an einem schönen Frühlingstag wieder durch die halbgeöffnete Pforte blickt, um mit ihren lauen Blicken, unter denen die Veilchen und Anemonen erblühen, die Bienen aus ihrem Winterschlaf zu erwecken und ihnen

zu bedeuten, dass der Himmel wieder sein blaues Kleid ange-
tan hat und dass der ununterbrochene Kreislauf des rastlosen
Lebens und des frühzeitigen, aber tätigen und glückseligen
Sterbens wieder begonnen hat.

7

DER FORTSCHRITT DER ART

Ehe ich dieses Buch schließe, wie wir den Bienenstock über dem Schweigen der Winterstarre geschlossen haben, möchte ich noch einem Einwand begegnen, der fast immer erhoben wird, wenn man die Wunder des Bienenstaats, seinen politischen Sinn und Gewerbefleiß, dem Beschauer vor Augen führt. Ja, heißt es gewöhnlich, das alles ist wunderbar, aber unveränderlich und starr. Seit Abertausenden von Jahren leben sie unter bemerkenswerten Gesetzen, aber diese Gesetze sind seit Abertausenden von Jahren die gleichen geblieben. Von Urbeginn an bauen sie ihre wunderbaren Waben, denen man nichts nehmen und nichts hinzusetzen kann, und in denen sich das Wissen des Chemikers mit dem des Mathematikers, Architekten und Ingenieurs in gleicher Vollendung paart; aber diese Waben sind genau dieselben wie in den Sarkophagen, oder in den Darstellungen auf Steinen und in den Papyrusrollen Ägyptens. Man nenne uns eine Tatsache, die den geringsten Fortschritt bedeutet, eine Einzelheit, in der sie eine Neuerung getroffen, einen Punkt, wo sie von ihrer jahrhundertealten Gewohnheit abgewichen wären, und wir werden uns beugen, wir werden anerkennen, dass in ihnen nicht nur ein wundervoller Instinkt lebt, sondern auch ein Verstand, der ein Recht hat, sich dem des Menschen zu nähern und mit ihm auf irgendein höheres Geschick zu hoffen, als das der unbewussten, unterjochten Materie.

Es sind nicht nur Laien, die so reden. Auch Entomologen vom Range Kirbys und Spences haben dasselbe Argument gebraucht, um den Bienen jeden Verstand abzusprechen, außer dem, der sich in dem engen Kerker eines wunderbaren, aber unveränderlichen Instinkts verworren kundgibt. »Man zeige uns«, sagen sie, »einen einzigen Fall, wo sie unter dem Druck der Verhältnisse darauf gekommen sind, anstelle von Wachs oder Propolis beispielsweise Ton oder Mörtel zu verwenden, und wir werden zugeben, dass sie der Überlegung fähig sind.«

Dieses Argument, das Romanes »the question begging argument« nennt – man könnte es auch das unersättliche Argument nennen –, gehört zu den allergefährlichsten und würde uns, auf den Menschen angewandt, sehr weit führen. Wohl betrachtet, entstammt es jenem gesunden Menschenverstand, der oft genug Schaden angerichtet hat und dem Galilei erwidert: »Die Erde bewegt sich nicht, denn ich sehe die Sonne am Himmel wandeln, des Morgens emporsteigen und des Abends untergehen, und nichts kann das Zeugnis meiner Augen widerlegen.« Der gesunde Menschenverstand ist als Grundlage unseres Geistes vortrefflich und notwendig, aber nur, wenn ein höherer Zweifel ihn stets überwacht und ihm nach Bedarf seine unendliche Unwissenheit vorhält; anderenfalls ist er nichts anderes als eine Geschicklichkeit der unteren Stufen unseres Verstandes. Aber die Bienen haben den Einwand Kirbys und Spences selbst beantwortet. Er war kaum gemacht worden, als ein anderer Naturforscher, Andrew Knight, der die kranke Rinde gewisser Bäume mit einer Art Zement aus Wachs und Terpentin bestrichen hatte, die Beobachtung machte, dass seine Bienen kein Propolis mehr eintrugen und nur dieses unbekannte Material benutzten, das sich bald bewährte und angenommen wurde, da sie es vollständig fertig und in großen Mengen in der Nähe ihrer Wohnung fanden.

Überdies läuft die Hälfte aller Bienenkunde und Bienenzucht darauf hinaus, der Initiative der Bienen Vorschub zu leisten und ihrem praktischen Verstand Gelegenheit zu bieten, sich zu üben und wirkliche Entdeckungen, wirkliche Erfindungen zu machen. Wenn beispielsweise in der Natur wenig Pollen vorhanden ist, so streut der Bienenwirt zur Auffütterung der Brut, zu der viel Pollen benötigt wird, in der Nähe des Bienenstocks Mehl aus. Im Naturzustand, im Schoß der Urwälder oder asiatischen Täler, in denen sie vor der Tertiärzeit wahrscheinlich gelebt haben, ist ihnen ein derartiger Stoff jedenfalls nicht begegnet. Trotzdem braucht man nur einige darauf aufmerksam zu machen, indem man sie in das Mehl setzt, und sie werden es betasten, kosten und seine dem Blütenstaub verwandten Eigenschaften erkennen, sie werden in den Stock zurückkehren, ihren Schwestern von ihrer Entdeckung berichten, und alsbald wird ein ganzer Schwarm erscheinen, um dieses unerwartete und unbegreifliche Nahrungsmittel einzuernten, das in ihrem anererbten Gedächtnis von den Blumenkelchen unzertrennlich ist.

Es ist kaum hundert Jahre her, dass man nach Hubers Vorgang die Bienen ernstlich zu beobachten und die ersten Fundamentalwahrheiten zu entdecken begonnen hat, die ein erfolgreiches Studium erlauben. Etwas mehr als fünfzig Jahre ist es her, dass sich durch die Erfindung der beweglichen Waben und Kastenstöcke des Pfarrers Dzierzon eine rationelle und praktische Bienenzucht anbahnt, dass der Bienenstock nicht mehr ein unverletzliches Haus ist, wo alles ins Mysterium gehüllt bleibt, bis der Tod es entschleiert, wenn es nicht mehr ist. Schließlich ist es weniger als fünfzig Jahre her, seit durch Vervollkommnung des Mikroskops und des Handwerkszeugs der Entomologen das Geheimnis der Hauptorgane der Arbeitsbienen, der Königin und der Drohnen offenbart ist. Ist es da erstaunlich, dass unser Wissen nicht weiterreicht als unsere Erfahrung? Die Bienen leben seit Jahrtausenden, und wir beobachten sie seit zehn oder zwölf Lustren. Und wenn es auch bewiesen wäre, dass sich im Bienenstock nichts verändert hat, seit wir ihn geöffnet haben, so haben wir dennoch nicht das Recht, daraus zu folgern, dass sich nie etwas darin geändert hat, ehe wir ihn befragten. Wissen wir nicht, dass in der Entwicklung einer Gattung ein Jahrhundert wie ein Regentropfen ist, der sich im Strom verliert, und dass im Leben der Materie die Jahrtausende ebenso schnell vergehen wie die Jahre im Leben eines Volkes?

Aber es ist unbewiesen, dass sich in den Gewohnheiten der Bienen nichts verändert haben soll. Prüft man sie ohne vorgefasste Meinung und ohne das kleine Feld unserer heutigen Erfahrung zu verlassen, so wird man im Gegenteil sehr merklicher Veränderungen gewahr. Und wer nennt die, welche uns entgehen? Ein Beobachter, der etwa einhundertfünfzigmal unsere Größe und siebenhunderttausendmal unseren Umfang hätte (es sind dies die Zahlenverhältnisse zwischen unserer Statur und Schwere und denen der kleinen Honigbiene), ein Beobachter, der unsere Sprache nicht verstünde und mit ganz anderen Sinnen begabt wäre als wir, würde vielleicht entdecken, dass sich in den letzten zwei Dritteln des verflossenen Jahrhunderts recht sonderbare materielle Veränderungen vollzogen haben, aber von unserer moralischen, sozialen, religiösen, politischen und ökonomischen Entwicklung könnte er sich keinen Begriff machen.

Eine höchst wahrscheinliche wissenschaftliche Hypothese wird uns sogleich erlauben, unsere Hausbiene an den großen Stamm der Apinen zu knüpfen, der alle wilden Bienen umfasst und in dem vielleicht ihre Vorfahren zu suchen sind.[14] Wir werden dann physiologischen, sozialen, ökonomischen, architektonischen und industriellen Wandlungen beiwohnen, die selbst unsere menschliche Entwicklung in den Schatten stellen. Zunächst jedoch wollen wir uns an unsere Hausbiene halten, deren man etwa sechzehn Arten zählt. Aber ob *Apis dorsata,* die größte, oder *Apis florea*, die kleinste, die man kennt, es ist immer dasselbe Insekt, durch Klima und Umstände, denen es sich hat anpassen müssen, mehr oder minder verändert. Alle diese Arten sind sich nicht viel unähnlicher, als ein Engländer einem Russen oder ein Japaner einem Europäer. Indem wir unsere Vorbemerkungen dermaßen beschränken, wollen wir hier nur das feststellen, was wir mit eigenen Augen und zu dieser Stunde sehen können, ohne unsere Zuflucht zu irgendeiner Hypothese zu nehmen, mag sie noch so wahrscheinlich und unabweislich sein. Wir wollen auch nicht auf all die Tatsachen Bezug nehmen, die man hier heranziehen könnte. Einige der bezeichnendsten mögen in schneller Aufzählung genügen.

Die wesentlichste und radikalste Verbesserung, die einer ungeheuren Arbeitsleistung in der Menschenwelt entsprechen würde, ist zunächst der Schutz des Gemeinwesens nach außen. Die Bienen wohnen nicht wie wir in Städten unter offenem Himmel, die den Launen von Wind und Wetter ausgesetzt sind, sondern ihre Siedlungen sind ganz und gar mit einer schützenden Hülle umgeben. Im Naturzustand und in einem idealen Klima ist das nicht der Fall. Wenn sie nur den Tiefen ihres Instinkts Gehör schenkten, würden sie ihre Waben offen bauen. In Indien sucht *Apis dorsata* nicht allzu begierig hohle Bäume und Felshöhlen auf. Der Schwarm legt sich an einen Astwinkel an, und die Wabe entsteht, die Königin legt Eier, die Vorräte häufen sich ohne ein anderes Obdach als die Leiber der Arbeitsbienen. Man hat bisweilen beobachtet, dass unsere nördlichen Bienen sich durch einen zu milden

Sommer täuschen ließen und diesem Instinkt wieder Gehör gaben, und man hat Schwärme gefunden, die so im Freien im Buschwerk lebten.[15]

Aber selbst in Indien hat diese anscheinend eingeborene Gewohnheit oft unangenehme Folgen. Sie verdammt einen Teil der Arbeitsbienen zur Unbeweglichkeit. Die nötige Wärme für die am Wachsbau und an der Errichtung von Brutzellen tätigen Bienen zu erzeugen, ist ihre einzige Tat, und infolgedessen baut die *Apis dorsata*, die an den Ästen hängt, nur eine Wabe. Das bescheidenste Obdach erlaubt ihr vier oder fünf und noch mehr anzulegen, und um so viel hebt sich auch die Bevölkerungszahl und der Wohlstand des Volkes. Darum haben auch alle Bienenrassen der kalten und gemäßigten Zone diese ursprüngliche Methode aufgegeben. Augenscheinlich hat die natürliche Auslese die kluge Initiative des Insekts geheiligt, indem sie nur die volkreichsten und geschütztesten Stämme den nordischen Winter überdauern lässt; und was zuerst nur ein Gedanke war, der dem Instinkte zuwiderlief, ist allmählich zur instinktiven Gewohnheit geworden. Aber deshalb steht dennoch fest, dass es zuerst ein kühner und wahrscheinlich an Beobachtungen, Erfahrungen und Überlegungen reicher Gedanke war, dem weiten, angebeteten, natürlichen Licht Valet zu sagen und sich in den Höhlen eines Baumes oder Felsens zu bergen. Man möchte fast sagen, diese Erfindung war für die Geschicke der Hausbiene ebenso bedeutungsvoll wie die Entdeckung des Feuers für das Menschengeschlecht.

Neben diesem großen Fortschritt, der, obwohl alt und erblich, doch jedes Mal errungen werden muss, finden wir eine Fülle von unendlich veränderlichen Einzelheiten, die uns beweisen, dass Politik und Gewerbefleiß des Bienenstaats nicht in eherne Formen gegossen sind. Wir erwähnten schon den klugen

Ersatz von Pollen durch Mehl und den von Wachs durch eine künstliche Zementmasse. Wir haben gesehen, wie geschickt sie die oft verzweifelt ungastlichen Wohnungen, in die man sie einschlägt, ihren Bedürfnissen anzupassen wissen. Wir haben gleichfalls gesehen, mit welcher unmittelbaren, überraschenden Gewandtheit sie sich die Kunstwaben, die ihnen der erfinderische Sinn des Menschen darbot, zunutze gemacht haben. Hier ist die sinnreiche Ausnutzung eines wunderbar brauchbaren, aber unvollständigen Dings geradezu staunenswert. Sie haben den Menschen mit seinen halben Andeutungen tatsächlich verstanden. Man stelle sich vor, wir bauten unsere Städte seit Jahrhunderten nicht mit Kalk, Steinen und Ziegeln, sondern mit einer dehnbaren Substanz, die wir mithilfe von besonderen Organen mühsam aus unserem Körper ausschieden, und eines Tages setzte uns ein allmächtiges Wesen mitten in eine fabelhafte Stadt. Wir erkennen, dass sie aus einem ganz ähnlichen Stoff besteht, wie wir ihn ausscheiden, aber im Übrigen ist es ein Traum, der just durch seine Logik, eine verzerrte und gewissermaßen reduzierte und konzentrierte Logik, mehr verwirrt als die Zusammenhanglosigkeit selbst. Unser gewöhnlicher Bauplan findet sich darin wieder, alles ist so, wie wir es erwarten können, jedoch potenziell und sozusagen durch eine eingeborene feindliche Macht erdrückt, im Entstehen aufgehalten und nicht zu seiner vollen Entfaltung gediehen. Die Häuser, die vier oder fünf Meter hoch sein sollen, bestehen nur aus kleinen Anschwellungen von Handbreite. Tausend Mauern sind durch einen Strich angedeutet, der ihr Schicksal und zugleich das Baumaterial, aus dem sie gebaut werden sollen, in sich schließt. Dazu findet sich manche große Unregelmäßigkeit, die zu verbessern bleibt, Lücken müssen ausgefüllt und mit dem Ganzen in Übereinstimmung gebracht, weite lockere Flächen befestigt werden. Denn das Werk ist unverhofft brauchbar, aber unfertig und in seinem jetzigen Zustand geradezu gefährlich. Es scheint von einer überlegenen Vernunft ersonnen, die unsere meisten Wünsche erraten hat, aber durch ihre eigene Riesenhaftigkeit behindert wurde, sie anders als ganz grob zu verwirklichen. Es handelt sich also darum, das alles zu entwirren, sich die geringsten Absichten des übernatürlichen Gebers zunutze zu machen, in wenigen Tagen das zu bauen, was sonst Jahre in Anspruch nehmen würde, auf seine organischen Gewohnheiten zu verzichten und seine Arbeitsmethoden von Grund auf umzuwerfen. Ganz gewiss bedürfte es all unserer Anspannung, um die auftauchenden Probleme zu lösen und nichts von den Vorteilen zu verlieren, die eine großmütige Vorsehung uns darböte. Aber dies ist ungefähr dasselbe, was die Bienen in unseren modernen Mobilstöcken tun.[16]

Selbst die Politik des Bienenstaats ist wahrscheinlich nicht stets dieselbe geblieben, sagte ich. Es ist dies der dunkelste und am schwersten nachzuweisende Punkt. Ich will mich nicht bei der veränderlichen Behandlungsweise der Königinnen aufhalten noch bei den jedem Volk eigenen Gesetzen des Schwärmens, die sich von Geschlecht zu Geschlecht zu vererben scheinen. Neben diesen Tatsachen, die nicht ganz fest umschrieben sind, gibt es noch andere, die weder schwankend noch unbestimmt sind und deutlich beweisen, dass nicht alle Arten der Hausbiene auf derselben Stufe politischer Gesittung stehen, dass es solche gibt, deren politischer Geist noch tastet und vielleicht nach einer anderen Lösung des Problems der Königin sucht. Die syrische Biene beispielsweise zieht gewöhnlich einhundertundzwanzig Königinnen auf und mehr, wogegen unsere *Apis mellifica* höchstens bis auf zehn oder zwölf kommt. Cheshire berichtet von einem syrischen Volk, das keineswegs abnorm war und bei dem sich einundzwanzig tote Königinnen und neunzig lebende und freie befanden. Dies ist der Ausgangs-

oder Endpunkt einer recht seltsamen sozialen Entwicklung, und es lohnt sich, ihr genauer auf den Grund zu gehen. Übrigens steht die zyprische Biene in Bezug auf die Rufziehung der Königinnen der syrischen sehr nahe. Ist dies ein tastender Rückfall vom monarchischen Prinzip zur Oligarchie, zur vielfachen Mutterschaft nach der erprobten einzigen? Jedenfalls war die syrische und zyprische Biene, die der ägyptischen und italienischen nahe verwandt ist, wohl die erste, die der Mensch unter seine Botmäßigkeit gebracht hat. Zum Schluss noch eine Beobachtung, die noch deutlicher zeigt, dass die Sitten und die weit blickende Organisation des Bienenstaats nicht das Ergebnis eines ursprünglichen Triebes sind, der sich mechanisch von Jahrhundert zu Jahrhundert und von Klima zu Klima vererbt, sondern dass der Geist, der diese kleinen Gemeinwesen lenkt, den veränderten Umständen Rechnung trägt, sich ihnen fügt und daraus Vorteil zieht, wie er den früheren Gefahren vorzubeugen wusste. Wird unsere schwarze Biene also nach Australien oder Kalifornien gebracht, so verändert sie ihre Gewohnheiten vollständig. Vom zweiten oder dritten Jahr an, das heißt, sobald sie gemerkt hat, dass ewiger Sommer herrscht und nie Blumenmangel eintritt, lebt sie in den Tag hinein, begnügt sich damit, so viel Pollen und Honig einzutragen, wie zum täglichen Gebrauch nötig ist, und da ihre neue, verstandesmäßige Beobachtung über ihre erbliche Erfahrung Herr wird, so trägt sie keinen Wintervorrat mehr ein. Man hält sie sogar nur dadurch in Tätigkeit, dass man ihr die Früchte ihrer Arbeit fortnimmt.[17]

So viel können wir mit unseren Augen sehen. Wie man zugeben wird, sind dies ein paar ausschlaggebende Tatsachen und ein gutes Argument gegen die Ansicht derer, die da meinen, dass aller Verstand unbeweglich und in eherne Formen gegossen ist, ausgenommen der menschliche.

Wenn wir die Hypothese der Entwicklung aber einen Augenblick zugeben, so wird das Schauspiel größer, und sein unbestimmter, gewaltiger Schein reicht bis an unsere eigenen Geschicke. Es ist nicht augenscheinlich, aber wer sich ernstlich damit beschäftigt, für den ist es nicht mehr zweifelhaft, dass in der Natur ein Wille herrscht, der danach trachtet, einen Teil der Materie auf eine höhere, vielleicht auch bessere Stufe zu erheben und ihre Oberfläche allmählich mit jenem geheimnisvollen Fluidum zu überziehen, das wir zuerst das Leben, dann den Instinkt und kurz danach den Verstand nennen, ein Wille, der die Existenz all dessen, was einem unbekannten Ziel zustrebt, zu sichern, zu organisieren und zu erleichtern trachtet. Es steht nicht fest, aber viele Beispiele, die wir um uns haben, laden zu der Annahme ein, dass die Materie, die sich von Urbeginn an dergestalt erhoben hat, gesetzt, dass man sie wägen und zählen könnte, nicht aufgehört hat, zuzunehmen. Ich wiederhole: Die Annahme steht auf schwachen Füßen, aber sie ist die einzige über die verborgene Kraft, welche uns lenkt, zu der wir ein Recht haben, und das ist viel in einer Welt, in der unsere erste Pflicht die Zuversicht zum Leben ist, selbst dann, wenn man keine ermutigende Gewissheit darin entdecken würde, und solange es keine gegenteilige Gewissheit gibt.

Ich weiß, was man gegen die Entwicklungslehre alles einwenden kann. Sie hat zahlreiche Beweise und starke Gründe für sich, aber sie sind nicht notwendig überzeugend. Man darf sich den Wahrheiten eines Zeitalters nie rückhaltlos anvertrauen. In hundert Jahren werden vielleicht viele Kapitel in unseren Büchern, die von ihr durchtränkt sind, deswegen veraltet sein, wie heute die Werke der Philosophen des achtzehnten Jahrhunderts, die von einer zu vollkommenen Menschheit ausgehen, die es nicht gibt, oder so viele Werke des siebzehnten Jahrhunderts, die befleckt werden durch den Gedanken des kleinlichen und strengen Gottes der von so vielen Lügen und Eitelkeiten entstellten katholischen Tradition.

Trotzdem ist es gut, wenn man die Wahrheit über eine Sache nicht wissen kann, die Hypothese anzunehmen, die sich in dem Augenblick, wo der Zufall uns ins Leben gerufen hat, dem Verstand am unabweislichsten aufdrängt. Man kann wetten, dass sie falsch ist, aber solange man sie für wahr hält, ist sie nützlich, belebt sie die Gemüter und gibt unserer Wissbegier eine neue Richtung. Es mag auf den ersten Blick weiser erscheinen, diese feinsinnigen Hypothesen durch die einfache, tiefere Wahrheit zu ersetzen, dass wir nichts wissen. Aber diese Wahrheit wäre nur dann ersprießlich, wenn bewiesen wäre, dass wir nie etwas wissen werden. Inzwischen würde sie uns in einer Unbeweglichkeit erhalten, die verderblicher ist als die törichtesten Illusionen. Wir sind so geschaffen, dass uns nichts höher und weiter trägt als die Sprünge unserer Irrtümer. Im Grunde verdanken wir das Wenige, was wir wissen, den gewagtesten, oft geradezu absurden Hypothesen, die zumeist weit unkluger sind, als die heutige. Sie waren vielleicht sinnlos, aber sie haben die Glut der Erkenntnis in uns geschürt. Mag der, welcher am Herd der Herberge der Menschheit wacht, blind oder im höchsten Alter sein: Was tut das dem Wanderer, der friert und sich an seine Seite setzt? Wenn das Feuer unter seiner Obhut nicht erloschen ist, so hat er getan, was der Beste nicht besser machen könnte. Übertragen wir diese Glut, und zwar nicht wie sie ist, sondern gesteigert; und nichts kann sie so mehren, wie diese Entwicklungshypothese, die uns zwingt, alles, was auf und unter dieser Erde, in den Tiefen des Meeres und an der Feste des Himmels ist, fortan nach strengeren Methoden und mit anhaltenderer Leidenschaft zu befragen. Was gibt es zum Ersatz für sie, und was sollen wir an ihre Stelle setzen, wenn wir sie verwerfen? Etwa das große Geständnis der gelehrten Unwissenheit, die sich selbst erkennt, ein Geständnis, das gewöhnlich so tatlos und für die Wissbegier, die dem Menschen nötiger ist als selbst die Weisheit, so entmutigend ist, oder die Hypothese von dem Beharren der Arten und der göttlichen Schöpfung, die noch unbewiesener ist als die unsere, und die den lebendigsten Teil des Problems für immer von sich wegschiebt, indem sie das Unerklärliche zu befragen vermeidet?

An diesem Aprilmorgen im Garten, der unter dem frischen Himmelstau zu neuem Leben erwachte, sah ich um die Rosenbeete und die zitternden Primeln in ihrer Einfassung von weißem Täschelkraut, das auch Alysse oder Steinkraut genannt wird, die wilden Bienen schwirren, die Urmütter der unserem Willen und Begehren unterworfenen, und ich gedachte der Lehren meines alten seeländischen Bienenfreunds. Mehr als einmal ist er mit mir durch seine bunten Blumenbeete gegangen, die so gehalten und angelegt waren wie zu Zeiten des Vater Cats, jenes guten, prosaischen und unversieglichen holländischen Dichters. Sie bildeten Rosetten, Sterne, Girlanden, Ohrringe und Armleuchter am Fuß einer Weißdornhecke oder eines Obstbaums, der zur Kugel, Pyramide oder Spindel geschnitten war, und die Buchsbaumeinfassung lief wie ein wachsamer Schäferhund um alle Ränder, um zu verhüten, dass die Blumen auf den Weg wuchsen. Ich lernte die Namen und Gewohnheiten der einsamen Kunstbienen kennen, die wir nie beachten, da wir sie für gemeine Fliegen, schädliche Wespen oder stumpfsinnige Käfer halten. Und doch trägt eine jede von ihnen unter ihrem doppelten Flügelpaar, das sie im Insektenland kennzeichnet, den Lebensplan, die Werkzeuge und den Gedanken zu einem ganz besonderen und oft wunderbaren Schicksal. Da sind zunächst die nächsten Verwandten unserer Hausbiene, die zottigen, untersetzten Hummeln, bisweilen winzig, meist aber riesig und wie die Urmenschen in ein unförmiges Fell gekleidet, um das sich kupferne oder zinnoberrote Spangen schlingen. Sie sind noch halbe Barbaren, vergewaltigen die Kelche, zerreißen sie, wenn sie Widerstand leisten, und dringen unter die atlasschimmernden Schleier der Blumenkronen wie ein Höhlenbär unter das seiden- und perlenglänzende Zelt einer byzantinischen Prinzessin.

Neben ihnen, und größer als die größte unter ihnen, steht ein in Finsternis gehülltes Ungetüm, von düsterem Feuer glühend, grün und violett: die Holzbiene *(Xylocopa violacea)*, der Riese in der Bienenwelt. Ihr folgen in der Größe die ernsten Mörtelbienen *(Chalicodoma)*, die in Schwarz gekleidet sind und sich aus Lehm und Kies Wohnungen erbauen, die hart wie Stein sind. Dann kommen miteinander die Bürsten- oder Hosenbienen *(Dasypoda)* und die wespenähnlichen Ballenbienen *(Halictus)*, die Erd- oder Sandbienen *(Anderena)*, die oft einem fantastischen Schmarotzer zum Opfer fallen, dem Stylops, der ihr Aussehen vollständig verändert, die zwerghaften, stets schwer mit Pollen beladenen Grabbienen und die vielgestaltigen Osmien (Mauerbienen), die hundert verschiedene Industriezweige haben. Eine von ihnen, *Osmia papaveris*, begnügt sich nicht mit dem Brot und Wein, den ihr die Blumen liefern, sie schneidet sich auch große Purpurlappen aus den Mohnblumen heraus, um damit den Palast ihrer Töchter fürstlich auszutapezieren. Eine andere Biene, die kleinste von allen, ein Staubkorn, das auf vier elektrisch bewegten Flügeln schwebt, der Blattschneider *(Megachile centuncularis)* sägt haarscharfe Halbkreise, die man mit der Maschine ausgeschnitten meint, aus den Rosenblättern, faltet sie zusammen und formt daraus jene wundervoll regelmäßig zusammengesetzten fingerhutförmigen Zellen, deren jede zur Aufnahme einer Larve dient. Aber ein Buch würde kaum genügen, um die mannigfachen Gewohnheiten und Talente der honigsuchenden Schar aufzuzählen, die sich in jedem Sinne auf begierigen und unbeweglichen Blüten tummelt, wie zwischen gefesselten Brautpaaren, die der Liebesbotschaft harren, welche zerstreute Gäste ihnen bringen.

Man kennt etwa 4 500 wilde Bienenarten. Wir werden sie selbstredend nicht alle durchgehen. Vielleicht wird eines Tages ein gründlicheres Studium in Verbindung mit Beobachtungen und Experimenten, die noch nicht gemacht sind, und die mehr als ein Menschenleben in Anspruch nehmen würden, ein entscheidendes Licht auf die Entwicklungsgeschichte der Bienen werfen. Diese Geschichte ist meines Wissens noch nicht methodisch geschrieben worden. Und doch ist dies zu wünschen, denn es würde damit mehr als ein Problem berührt; das ebenso groß ist, wie viele Probleme der Weltgeschichte. Was uns betrifft, so wollen wir keine Behauptungen mehr aufstellen, denn wir betreten hier das dunkle Gebiet der Vermutungen, sondern wir wollen uns damit begnügen, einem Zweige der Immen auf seinem Wege zu einem durchgeistigteren Dasein, zu etwas mehr Wohlstand und Sicherheit zu folgen und die springenden Punkte dieses mehrtausendjährigen Aufstiegs mit einfachen Strichen anzudeuten. Der Zweig, den wir verfolgen wollen, ist, wie wir schon wissen, der der Apinen[18], deren Merkmale so genau bestimmt und deutlich sind, dass ihre Herkunft von einem gemeinsamen Ahnen nicht unwahrscheinlich ist.

Darwins Schüler, insbesondere Hermann Müller, halten eine kleine wilde Biene, die in der ganzen Welt vorkommt, die Prosopis, für den gegenwärtigen Repräsentanten der Urbiene, von der alle uns bekannten Arten abstammen sollen.

Die arme Prosopis steht zu den Hausbienen in etwa dem Verhältnis, wie der Höhlenmensch zum glücklichen Großstadtbewohner. Vielleicht hat jeder von uns, ohne darauf zu achten und ohne zu ahnen, dass er hier die ehrwürdige Urmutter vor sich hat, der wir vielleicht die Mehrzahl unserer Blumen und Früchte verdanken – denn man glaubt tatsächlich, dass über hunderttausend Pflanzenarten nicht mehr sein würden, wenn die Bienen sie nicht beflögen und dadurch befruchteten – und wer weiß, vielleicht auch unsere Zivilisation, denn alles greift bei diesen Mysterien ineinander über – vielleicht hat jeder von uns sie schon öfter in einem entlegenen Winkel seines Gartens um Gestrüpp herumfliegen sehen. Sie ist hübsch und lebhaft, und die, welche in Frankreich am häufigsten vorkommt, ist elegant mit weiß auf schwarzem Grund gesprenkelt. Aber unter dieser Eleganz verbirgt sich eine unglaubliche Armut. Sie führt ein Hungerleben. Sie ist fast nackt, während ihre Schwestern in warme, prächtige Pelze gekleidet sind. Sie hat keine Schenkelkörbchen zum Einsammeln von Pollen wie die Apiden oder an ihrer statt Schienenbürsten wie die Andrenen oder Bauchbürsten wie die Bauchsammler. Sie muss den Blumenstaub mit ihren kleinen Krallen hervorscharren und verschlucken, um ihn einzutragen. Sie hat kein anderes Werkzeug als ihre Zunge, ihren Mund und ihre Füße, aber die Zunge ist zu kurz, ihre Füße sind schwächlich und ihre Kauwerkzeuge ohne Kraft. Sie kann weder Wachs erzeugen noch Löcher in Holz bohren oder in die Erde graben. Sie legt ungeschickte Gänge im weichen Mark der trockenen Brombeeren an, baut ein paar grobe Zellen hinein, versieht sie mit etwas Nahrung für die Brut, die sie nie erblicken wird, und nach Erledigung dieser armseligen Aufgabe, deren Ziel sie nicht kennt, ebenso wenig wie wir es kennen, stirbt sie, einsam auf dieser Welt, wie sie gelebt hat, in einem Winkel.

Wir übergehen viele Zwischenstufen, wo die Zunge allmählich länger wird, um einer immer größeren Zahl von Blumenkelchen ihren Nektar zu entreißen, wo sich Sammelwerkzeuge für Pollen, Haare und Fransen, Schenkel-, Fersen- und

Bauchbürsten bilden und entwickeln, wo die Füße und Kinnbacken kräftiger werden, während nützliche Ausscheidungen des Körpers eintreten und über dem Wohnungsbau ein Geist schwebt, der erstaunliche Verbesserungen aller Art zu suchen und zu finden weiß. Dies darzustellen, würde ein Buch für sich beanspruchen. Ich will nur ein Kapitel daraus skizzieren oder noch weniger als ein Kapitel, eine Seite, die uns das Zaudern und Tasten des Lebenswillens in seinem Trachten nach Glück und die langsame Entstehung, das Wachstum und die Selbstgestaltung der sozialen Vernunft zeigt.

Wir haben gesehen, wie die unglückliche Prosopis in dieser ungeheuren Welt voll schrecklicher Gefahren ihr kleines einsames Leben schweigend erträgt. Eine gewisse Anzahl ihrer Schwestern, die zu Rassen mit besseren Werkzeugen und größerer Gewandtheit gehören, wie z. B. die reich gekleideten Seidenbienen *(Colletes)*, oder die sonderbaren Blattschneider des Rosenstocks *(Megachile centuncularis)*, leben in derselben tiefen Vereinsamung, und wenn zufällig ein anderes Wesen mit ihnen zusammenwohnt und ihr Obdach teilt, so ist es ein Feind oder gar ein Schmarotzer. Denn die Bienenwelt ist mit weit absonderlicheren Gespenstern bevölkert als die unsere, und manche Art hat einen geheimnisvollen, untätigen Doppelgänger, der dem von ihm auserkorenen Opfer in allen Stücken gleicht, außer dass er durch seine unvordenkliche Faulheit alle Arbeitswerkzeuge nacheinander verloren hat und nur noch auf Kosten des emsigen Typus seiner Rasse leben kann.[19]

Indessen regt sich schon bei den Bienenarten, die man etwas zu kategorisch als »einsame Bienen« bezeichnet, der soziale Instinkt wie eine unter dem Druck der auf allem primitiven Leben lastenden Materie erstickte Flamme. Hier und da, an unvermuteter Stelle, züngelt er in furchtsamer und bisweilen bizarrer Weise, wie um zu zeigen, dass er da ist, allmählich aus dem auf ihm lastenden Holzstoß hervor, der eines Tages seinem Triumph die Nahrung zuführen wird.

Wenn alles auf Erden Stoff ist, so kann man hier die unstofflichste Bewegung des Stoffes beobachten. Es handelt sich um den Übergang vom egoistischen, unsicheren, unvollkommenen Leben zum brüderlichen, etwas gesicherteren und glücklicheren Dasein. Es handelt sich darum, im Geiste zu vereinigen, was in der Körperwelt getrennt ist, die Selbstverleugnung des Individuums zugunsten der Art und die Ersetzung des Sichtbaren durch das Unsichtbare anzubahnen. Ist es da erstaunlich, dass den Bienen das, was wir von unserem privilegierten Platz aus noch nicht erreicht haben, von dem der Instinkt nach allen Seiten ins Bewusstsein ausstrahlt, dass den Bienen das nicht mit einem Schlag gelingt? Es ist wunderbar, fast rührend, zu sehen, wie die neue Idee zuerst in der Finsternis tastet, die alles auf Erden Entstehende umhüllt. Sie geht aus der Materie hervor und ist noch ganz Materie. Sie ist nichts als Hunger, Furcht und Kälte, in etwas noch Gestalteloseres umgesetzt. Sie schleicht unsicher um die großen Gefahren, die langen Nächte, den Einbruch des Winters und einen zweideutigen Schlaf herum, der schon fast Tod ist.

Die Holzbienen *(Xylocopa)* sind starke Bienen, die ihr Nest in trockenes Holz graben. Sie leben immer einsam. Trotzdem kommt es gegen Ende des Sommers vor, dass man einige Exemplare einer besonderen Art, der *Xylocopa cyanescens*, in einem Asphodelenkelche frostig beieinander kauern sieht, um den Winter gemeinsam zu verbringen. Diese zögernde Brüderlichkeit ist eine Ausnahme bei den Holzbienen; aber bei ihren nächsten Verwandten, den Ceratinen, wird sie schon zur unveränderlichen Gewohnheit. Hier kommt die Idee zum Vorschein. Sofort hält sie wieder inne, und bis hierher ist sie bei den Holzbienen über die erste dunkle Linie der Liebe nicht hinausgekommen.

Bei anderen Apinen nimmt die sich noch suchende Idee andere Gestalt an. Die Mörtelbienen *(Chalicodoma)* oder Maurerbienen, die Bürstenbienen *(Dasypoda)* und Ballenbienen *(Halictus)* vereinigen sich in zahlreichen Kolonien zum Nesterbau. Aber dies ist ein illusorisches Gemeinwesen von lauter Einsiedlern. Keinerlei Einvernehmen, keine gemeinsame Tat. Eine jede ist in der Menge tief vereinsamt und baut sich ihre Wohnung für sich selbst, ohne sich um ihre Nachbarn zu kümmern. »Es ist«, sagt J. Perez, »ein einfaches Zusammenkommen von Einzelwesen, die sich durch gleichen Geschmack und gleiche Fähigkeiten am selben Fleck versammeln, wo der Grundsatz ›Ein jeder für sich‹ auf das Strengste durchgeführt wird. Es ist ein Schwarm von Arbeitern, der lediglich durch seinen Fleiß und seine Zahl an einen Bienenstock erinnert. Solche Vereinigungen sind also die einfache Folge einer großen Zahl von Einzelwesen, die auf demselben Fleck wohnen.«

Aber bei den Grabbienen, den Vettern der Dasypoden, dringt plötzlich ein kleiner Lichtstrahl hervor und wirft einen Schein auf die Entstehung eines neuen Gefühls in dem zufälligen Beieinander. Sie vereinigen sich nach Art der vorigen, und jede gräbt ihre eigene unterirdische Höhle für sich, aber der Eingang, das von der Erdoberfläche nach ihren getrennten Behausungen führende Schlupfloch, ist gemeinsam. »So beträgt sich jede«, sagt Perez, »was die Arbeit in den Zellen betrifft, wie wenn sie allein wäre, aber alle benutzen den gemeinsamen Zugang und benutzen so die Arbeit einer einzigen, wodurch sie die Zeit und Mühe sparen, sich jede einen besonderen Gang anzulegen. Es wäre interessant festzustellen, ob diese vorläufige Arbeit selbst nicht gemeinsam ausgeführt wird, und ob sich nicht verschiedene Weibchen abwechselnd darin ablösen.«

Wie dem aber auch sei, die Idee der Brüderlichkeit ist einmal durch die Mauer gedrungen, die zwei Welten schied. Es ist nicht mehr der Winter, der Hunger oder die Todesfurcht, der sie dem Instinkt in entstellter und törichter Form abzwingt, es ist das tätige Leben, das sie einflüstert. Aber auch diesmal kommt sie nicht weit in dieser Richtung. Trotzdem verzagt sie nicht, sie versucht, andere Wege einzuschlagen. So dringt sie bei den Hummeln durch, nimmt in ihrer veränderten Atmosphäre Gestalt an, reift und bewirkt die ersten entscheidenden Wunder.

Die Hummeln, diese großen, zottigen, geräuschvollen, Furcht einflößenden und doch so friedfertigen Bienen, die wir alle kennen, sind zunächst einsam. Von den ersten Tagen des März an beginnt das fruchtbare, überwinterte Weibchen sein Nest zu bauen, entweder unterirdisch oder in einem Busch, je nach der Art, der es angehört. Es ist allein auf der Welt im erwachenden Lenze. Es räumt die gewählte Stelle auf, gräbt ein Loch und tapeziert es aus. Dann legt es ziemlich unförmige Wachszellen an, versieht sie mit Honig und Pollen, legt Eier, bebrütet sie, pflegt und ernährt die auskriechenden Larven und sieht sich alsbald von einer Töchterschar umgeben, die bei allen inneren und äußeren Arbeiten Hand anlegt und zum Teil gleichfalls Eier legt. Der Wohlstand nimmt zu, der Zellenbau wird besser, die Kolonie wächst. Die Gründerin bleibt die Seele und Hauptmutter des Ganzen und steht an der Spitze eines Königreichs, das schon ein Ansatz zu dem unserer Hausbiene ist. Übrigens ein recht grober Ansatz. Der Wohlstand ist beschränkt, die Gesetze sind unklar und werden schlecht befolgt, der Kannibalismus und Kindermord der Urzeit tauchen immer wieder auf, die Architektur ist formlos und weitläufig, aber was beide Stadtbildungen am meisten unterscheidet, ist, dass die eine permanent und die andere vorübergehend ist. In der Tat verschwindet die Hummelstadt im Herbst vollständig, ihre drei- bis vierhundert Bewohner sterben, ohne eine Spur ihres Daseins zu hinterlassen, all ihre Arbeit ist umsonst; es überwintert nur ein einziges Weibchen, das im nächsten Frühjahr in derselben Einsamkeit und Armut die fruchtlose Arbeit der Mutter wieder aufnehmen wird. Nichtsdestoweniger ist die Idee sich hier ihrer Kraft bewusst geworden. Wir sehen sie bei den Hummeln diese Grenze nicht überschreiten, aber sogleich wird sie sich, ihrer Gewohnheit getreu, in einer Art von unermüdlicher Seelenwanderung inkarnieren, noch zitternd über ihren letzten Triumph, aber allmächtig und fast vollkommen, und zwar in einer anderen Sippe, der vorletzten der Rasse; der unmittelbaren Vorgängerin unserer Hausbiene, die ihre Krone bildet, nämlich in der Sippe der Meliponiten, die in die tropischen Meliponen und Trigonen zerfällt.

Hier ist bereits alles so organisiert wie in unserem Bienenstock: eine einzige Mutter,[20] unfruchtbare Arbeiterinnen und Drohnen. Einige Einzelheiten sind sogar besser eingerichtet. Die Drohnen beispielsweise sind nicht ständig müßig, sie schwitzen Wachs aus. Das Eingangstor ist sorgfältiger geschlossen, in kalten Nächten durch eine Tür, in warmen durch eine Art von Vorhang, der die Luft durchlässt.

Aber das Gemeinwesen ist weniger stark, das gemeinsame Leben weniger gesichert, das Gedeihen beschränkter als bei unseren Bienen, und überall, wo man diese einführt, beginnen die Meliponiten vor ihnen zu weichen. Der Gedanke der Brüderlichkeit ist bei ihren beiden Stämmen gleichfalls prächtig entwickelt, nur in einem Punkte ist er bei dem einen nicht über das hinausgekommen, was im engen Familienbau der Hummeln schon erreicht war. Es ist dies die mechanische Organisation der gemeinsamen Arbeit, das genaue Haushalten mit den Kräften, mit einem Wort, die Architektur der Stadt, die hier offenbar noch sehr rückständig ist.[21] Hinzugefügt sei noch, dass bei unseren Apiten alle Zellen sowohl zum Aufziehen der Brut als auch zum Aufspeichern der Vorräte geeignet sind und ebenso lange vorhalten, wie die Stadt selbst, während sie bei den Meliponiten nur zu einem bestimmten Zweck benutzt und, wenn sie den jungen Nymphen als Wiege gedient haben, nach deren Auskriechen abgetragen werden.

Bei unserer Hausbiene hat dieser Gedanke also seine vollkommenste Form erreicht, und somit wäre das rasch entworfene und unvollständige Bild seines Entwicklungsgangs hier beendet. Sind nun aber die einzelnen Stufen dieses Entwicklungsgangs bei jeder Art konstant, und besteht die Verbindungslinie zwischen ihnen nur in unserer Vorstellung? Wir wollen auf diesem noch wenig erforschten Gebiet keine voreiligen Schlüsse wagen. Begnügen wir uns zunächst mit vorläufigen Annahmen, und neigen wir, wenn wir wollen, lieber den hoffnungsvollsten zu, denn wenn es unbedingt zu wählen gälte, so zeigt uns hier und dort ein schwacher Schein, dass die am meisten herbeigewünschten die gewissesten sein werden. Überdies müssen wir wieder einmal eingestehen, dass wir gar nichts wissen. Wir fangen erst an, die Augen zu öffnen. Tausend Versuche, die gemacht werden könnten, haben noch nicht stattgefunden. Wäre es beispielsweise nicht möglich, dass die Prosopis, wenn sie in Gefangenschaft gehalten und gezwungen würden, mit ihresgleichen zu hausen, mit der Zeit die Eisenschwelle der vollkommenen Einsamkeit überschreiten und Freude daran finden würden, sich wie die Hosenbienen zu vereinigen und einen Schritt zur Brüderlichkeit zu tun wie die Grabbienen? Und diese wiederum, würden sie unter abnormen, aufgezwungenen Verhältnissen den gemeinsamen Schlupfgang nicht mit einer gemeinsamen Wohnung vertauschen? Würden die Hummelmütter, wenn sie zusammen überwintert und in Gefangenschaft aufgezogen und gefüttert würden, sich nicht schließlich zur Arbeitsteilung verstehen? Hat man den Meliponiten je Kunstwaben gegeben? Hat man ihnen künstliche Gefäße gegeben, um ihre sonderbaren »Honigtöpfe« zu ersetzen? Würden sie dieselben annehmen und sich zunutze machen, und wie würden sie ihre Gewohnheiten dieser ungewohnten Bauart anpassen? Dergleichen Fragen sind an sehr kleine Wesen gerichtet und schließen doch die Lösung unserer größten Geheimnisse ein. Wir können nicht darauf antworten, denn unsere Erfahrung ist von gestern und vorgestern. Von Réaumur an gerechnet, ist es jetzt kaum anderthalb Jahrhunderte her, dass man die Gewohnheiten gewisser wilder Bienen studiert hat. Réaumur kannte nur einen Teil davon, wir haben einige andere beobachtet, aber Hunderte, vielleicht Tausende sind bis heute nur von unwissenden oder hastigen Reisenden befragt worden. Die, welche wir seit den schönen Arbeiten des Verfassers der »Mémoires« kennen, haben an ihren Gewohnheiten nichts geändert, und die Hummeln, die sich in den Gärten von Charenton voll Honig sogen und wie ein köstliches Murmeln des Sonnenlichts goldbestäubt umhersummten, glichen in jedem Punkte denen, die sich im nächsten April einige Schritte weiter in den Wäldern von Vincennes tummeln werden. Aber von Réaumur bis auf unsere Tage ist es nur ein Augenzwinkern der Zeit, das wir beobachten, und mehrere Menschenleben hintereinander bilden nur eine Sekunde in der Geschichte eines Naturgedankens.

Wenn der Gedanke der Gesellschaftsbildung, dessen schrittweise Verwirklichung wir in diesem Buch mit unseren Blicken verfolgt haben, seine vollkommenste Gestalt bei unseren Hausbienen erreicht hat, so ist damit nicht gesagt, dass im Bienenstock alles auf der Höhe sei. Ein Meisterstück, die sechseckige Zelle, erreicht freilich die absolute Vollkommenheit in jeder Hinsicht, und alle Genies zusammen könnten nichts mehr daran verbessern. Kein lebendes Wesen, selbst der Mensch nicht, hat in seiner Sphäre das erreicht, was die Biene in der Ihren verwirklicht hat, und wenn ein Geist aus einer anderen Welt auf die Erde herabstiege und die vollkommenste Schöpfung der Logik des Lebens zu sehen begehrte, so müsste man ihm die schlichte Honigwabe zeigen.

Aber wie gesagt, es steht nicht alles auf gleicher Höhe. Wir sind schon einigen Fehlern und Irrtümern begegnet, die bisweilen auffällig, bisweilen geheimnisvoll sind, wie der Überfluss an müßigen und verderblichen Drohnen, die jungfräuliche Zeugung, die Gefahren des Hochzeitsausflugs, das Schwarmfieber, der Mangel an Mitleid, die geradezu ungeheuerliche Aufopferung des Individuums zugunsten der Art. Dazu käme noch eine seltsame Vorliebe zum Aufspeichern unmäßiger Quantitäten von Pollen, die unbenutzt bleiben und daher ranzig und hart werden und die Waben verstopfen, ferner das lange unfruchtbare Interregnum, das vom ersten Schwärmen bis zur Befruchtung der zweiten Königin reicht und vieles andere mehr.

Von diesen Fehlern ist der schwerste und der einzige, der unter unseren Himmelsstrichen fast immer verhängnisvoll wird, das wiederholte Schwärmen. Aber vergessen wir nicht, dass in dieser Hinsicht die natürliche Auslese der Hausbiene seit Jahrtausenden vom Menschen gekreuzt wird. Vom Ägypter der Pharaonenzeit bis zu unserm heutigen Bauern hat der Bienenzüchter den Wünschen und dem Vorteil der Gattung stets zuwider gehandelt. Die Bienenstöcke, die am besten gedeihen, sind diejenigen, die zu Beginn des Sommers einen einzigen Schwarm aussenden. Sie befriedigen damit ihren mütterlichen Instinkt, sichern die Erhaltung des Stamms durch die notwendige Erneuerung der Königin und ebenso die Zukunft des Schwarms, der volkreich und früh losgesandt ist und darum Zeit hat, sich eine dauerhafte und mit Vorräten wohl versehene Wohnung anzulegen, ehe der Herbst kommt. Es ist klar, dass, wenn die Bienen sich selbst überlassen wären, nur diese Stöcke und ihre Ableger aus den Prüfungen des Winters lebend hervorgegangen wären, während die von anderen Instinkten beseelten Völker ihnen fast regelmäßig erliegen würden, und dass sich die Regel des beschränkten Schwärmens bei unseren nördlichen Rassen dadurch fast durchgehend herausgebildet hätte. Aber es sind gerade diese weit blickenden, reichen und wohlakklimatisierten Stöcke, die der Mensch stets vernichtet hat, um sich ihres Schatzes zu bemächtigen. Er ließ und lässt auch heute noch in der althergebrachten Praxis nur die Stämme und Kolonien am Leben, die erschöpft sind, die zweiten und dritten (Nach-)Schwärme, die gerade so viel haben, um den Winter zu überdauern, oder denen er einige Honigabfälle gibt, um ihre kläglichen Vorräte zu vervollständigen. Das Resultat davon ist wahrscheinlich eine Schwächung der Rasse und eine erbliche Neigung zum Schwarmfieber, sodass heute fast alle unsere Bienen, insbesondere unsere schwarzen Bienen, zu viel schwärmen. Seit einigen Jahren wird diese gefährliche Angewohnheit durch die neuen Methoden der Mobilzucht bekämpft, und wenn man sieht, mit welcher Schnelligkeit die künstliche Auslese auf die meisten unserer Haustiere, Rinder, Schafe, Hunde, Pferde und Tauben wirkt – um nicht noch mehr zu nennen –, so darf man der Hoffnung Ausdruck verleihen, dass wir in Kürze eine Bienenrasse haben werden, die auf das natürliche Schwärmen fast völlig verzichtet und ihre gesamte Tätigkeit der Honig- und Pollenernte widmet.

Aber was die anderen Fehler betrifft: Würde ein Verstand, dem Zweck und Ziel des Gesellschaftslebens deutlicher wäre, sich nicht davon befreien können? Es wäre viel über diese Fehler zu sagen, die bald aus den unbekannten Tiefen des Bienenstocks hervordringen, bald nichts als eine Folge des Schwärmens und seiner Irrtümer sind, an denen wir mitschuldig sind. Aber nach dem, was man bisher gesehen hat, kann jeder nach seinem Geschmack den Bienen allen Verstand zu- oder absprechen. Ich will sie nicht verteidigen. Mich deucht, sie zeigen unter manchen Verhältnissen ein Einvernehmen, aber wenn sie auch alles, was sie tun, nur blindlings täten, meine Wissbegier würde darum nicht kleiner werden. Es ist so anziehend zu sehen, wie ein Gehirn in sich die außerordentlichen Hilfsquellen entdeckt, um gegen Frost, Hunger, Tod, Zeit, Raum, Einsamkeit und alle Feinde der belebten Materie anzukämpfen, aber wenn es einem Wesen gelingt, sein kleines verwickeltes und tiefes Leben zu erhalten, ohne den Instinkt zu überschreiten, ohne etwas zu tun, was nicht ganz gewöhnlich ist – das dünkt mich erst recht anziehend und außerordentlich. Das Gewöhnliche und das Wunderbare fließen ineinander über und halten sich die Waage, sobald man sie auf ihren wirklichen Platz in der Natur stellt. Nicht mehr sie, die Träger angemaßter Namen, sondern das Unerklärliche und Unverstandene ist es, das unsere Blicke auf sich lenkt, unsere Tätigkeit belohnt und unseren Gedanken, Worten und Gefühlen eine neue, richtigere Form verleihen soll. Es liegt Weisheit darin, sich mit nichts weiter zu befassen.

Wir sind überdies gar nicht imstande, die Fehler der Bienen im Namen unseres Verstandes zu richten. Sehen wir nicht, wie lange Verstand und Bewusstsein bei uns inmitten von Fehlern und Irrtümern leben, ohne sie zu bemerken, und länger noch, ohne ihnen abzuhelfen? Wenn es ein Wesen gibt, das durch seine Bestimmung besonders, ja fast organisch berufen scheint, sich aller Dinge bewusst zu werden, das Gesellschaftsleben nach den Regeln der reinen Vernunft zu gestalten und zu leben, so ist es der Mensch. Und doch: Was macht er daraus? Und nun vergleiche man die Fehler des Bienenstaats mit denen unserer menschlichen Gesellschaft. Wenn wir Bienen wären, welche die Menschen beobachteten, so wäre unser Erstaunen groß, wenn wir beispielsweise bei einem Geschlecht, das im Übrigen mit hervorragendem Verstand ausgerüstet zu sein scheint, eine unlogische und ungerechte Verteilung der Arbeit beobachteten. Wir sehen die Oberfläche der Erde, die einzige Stätte allen gemeinsamen Lebens, von zwei bis drei Zehnteln der Gesamtbevölkerung mühsam und unzureichend bebaut; ein anderes Zehntel zehrt in absolutem Müßiggang den besten Teil der Produkte jener Arbeit auf, und die sieben übrigen Zehntel sind zu ewigem Halbverhungern verdammt und erschöpfen sich unaufhörlich in seltsamen und unfruchtbaren Anstrengungen, von denen sie doch nie etwas haben werden, und die nur den Zweck zu haben scheinen, das Dasein der Müßiggänger noch komplizierter und unerklärlicher zu machen. Wir würden daraus folgern, dass Vernunft und Moralbegriffe dieser Wesen einer Welt angehören, die von der unseren gänzlich verschieden ist, und dass sie Prinzipien gehorchen, die zu begreifen wir nicht hoffen dürfen. Aber auch wenn wir unsere Fehler nicht weiter durchgehen, sind sie in unserem Geiste doch stets gegenwärtig, selbst wenn ihre Gegenwärtigkeit keine allzu große Wirkung zeitigt. Höchstens, dass sich von Jahrhundert zu Jahrhundert einer erhebt, einen Augenblick den Schlaf abschüttelt, einen Schrei des Erstaunens tut, den schmerzenden Arm unter seinem Kopf wegzieht, sich anders hinlegt und wieder einschläft, bis ein neuer Schmerz, wiederum eine Folge der traurigen Erschlaffung der Ruhe, ihn von Neuem weckt.

Die Entwicklung der Apinen, oder doch wenigstens der Apiten, sei einmal zugegeben, da sie wahrscheinlicher ist als die Starrheit. Welches ist dann aber ihre beständige und allgemeine Richtung? Sie scheint dieselbe Kurve zu beschreiben wie die unsrige. Sie hat ersichtlich die Tendenz, Kraft zu sparen, die Unsicherheit, das Elend zu mindern, den Wohlstand, die günstigen Verhältnisse und die Autorität der Art zu mehren. Diesem Ziel opfert sie ohne Zaudern das Individuum, dessen überdies illusorische und unglückliche Unabhängigkeit im Zustand der Einsamkeit durch die Kraft und das Glück der Gesamtheit wieder ausgeglichen wird. Man möchte sagen, die Natur denkt wie Perikles bei Thukydides, dass die Individuen im Schoß einer Stadt, die als Ganzes gedeiht, glücklicher sind, selbst wenn sie darunter zu leiden haben, als wenn das Individuum gedeiht und der Staat zugrundegeht. Sie begünstigt die arbeitsame Sklaverei in der mächtigen Stadt und überlässt den pflichtenlosen Wanderer den narren- und gestaltlosen Feinden, die in allen Winkeln von Raum und Zeit, in allen Bewegungen des Weltalls lauern. Es ist hier nicht der Ort, diesen Gedanken der Natur zu erörtern noch sich zu fragen, ob der Mensch gut tue, ihm zu folgen, aber es steht fest, dass überall da, wo die unendliche Materie uns den Ansatz eines Gedankens zu zeigen scheint, dieser Ansatz denselben Weg der Entwicklung nimmt, dessen Ziel man nicht kennt. Was uns betrifft, so genügt es uns zu sehen, mit welcher Fürsorge die Natur es sich angelegen sein lässt, in der sich entwickelnden Rasse all das zu erhalten und festzulegen, was der feindlichen Trägheit der Materie einmal abgerungen ist. Sie bucht jedes erfolgreiche Bemühen und zieht gegen den Rückfall, der nach dem Vorstoß unvermeidlich sein würde, eine Schranke von besonderen, wohlwollenden Gesetzen. Dieser Fortschritt, der sich bei den intelligenteren Arten kaum ableugnen lässt, hat vielleicht keinen anderen Zweck als den der Bewegung, und er weiß nicht, wohin er strebt.

Auf alle Fälle ist es in einer Welt, in der nichts, außer einigen Tatsachen dieser Art, auf einen bestimmten Willen schließen lässt, recht bezeichnend zu sehen, wie sich gewisse Wesen von dem Tag an, an dem wir die Augen auftaten, derart ununterbrochen von Stufe zu Stufe erheben; und wenn die Bienen uns nichts anderes offenbart hätten als diese geheimnisvolle Spirale zum Licht in der allmächtigen Nacht, so wäre dies doch genug, und wir hätten die Zeit nicht zu bedauern, die wir dem Studium ihrer kleinen Gebärden und bescheidenen Gewohnheiten gewidmet haben, die unseren großen Leidenschaften und stolzen Geschicken so fern und doch so nahe stehen.

Vielleicht ist das alles eitel, und unsere Spirale zum Licht, wie die der Bienen, ist nur dazu da, um die Finsternis zu belustigen. Vielleicht aber auch gibt ein ungeheurer Zufall, der von außen kommt, von einer anderen Welt oder von einer neuen Erscheinung, diesem Streben einen endgültigen Sinn oder den endgültigen Tod. Inzwischen wollen wir unseren Weg weitergehen, als ob nichts Ungewöhnliches geschehen sollte. Wüssten wir, dass morgen eine Offenbarung – etwa in Form einer Verbindung mit einem älteren und lichtvolleren Planeten – unsere Natur über den Haufen werfen und die Leidenschaften, Gesetze und Grundwahrheiten unseres Wesens aufheben kann, so wäre es das Klügste, unser Heute ganz diesen Leidenschaften, Gesetzen und Wahrheiten zu widmen, sie in unserem Geist in Verbindung zu setzen und unserem Schicksal treu zu bleiben, welches darin besteht, die dunklen Gewalten des Lebens in uns und um uns zu unterjochen und um einige Stufen zu erheben. Es ist möglich, dass nach der neuen Offenbarung nichts davon bestehen bleibt, aber gewiss werden die Seelen, die diesen Beruf, welcher der wahrhaft menschliche Beruf ist, bis zu Ende erfüllt haben, im Vordertreffen stehen, wenn es gilt, diese Offenbarung zu empfangen, und selbst wenn sie von ihr nur das lernten, dass die einzige wahre Pflicht das Gegenteil von Wissbegier und der Verzicht auf das Unerkennbare ist, so werden sie besser als die anderen imstande sein, diesen Mangel an Wissbegier und diese endgültige Entsagung zu begreifen und ihren Vorteil daraus zu ziehen.

Darum sollten unsere Fantasien sich auch gar nicht in dieser Richtung bewegen. Die Möglichkeit einer allgemeinen Vernichtung sollte unsere Tätigkeit ebenso wenig beeinflussen, wie das wunderbare Eingreifen eines Zufalls. Wir sind bisher, trotz der Verheißungen unserer Einbildungskraft, stets auf uns selbst und auf unsere eigenen Hilfsquellen angewiesen geblieben. Alles Nützliche und Dauerhafte, was auf Erden besteht, ist das Werk unseres bescheidenen Strebens. Es steht uns frei, von einem fremden Zufall das Beste oder das Schlimmste zu erwarten, aber nur unter der Bedingung, dass diese Erwartung sich nicht in die Erfüllung unserer menschlichen Aufgabe einmischt. Auch darin geben uns die Bienen eine Lehre, die, wie jede Lehre der Natur, vortrefflich ist. Sie haben wirklich solch einen wunderbaren Eingriff erfahren. Sie sind mehr als wir in den Händen eines Willens, der ihre Gattung vernichten oder verändern und ihren Geschicken einen anderen Lauf geben kann. Und doch bleiben sie ihrer ursprünglichen, tiefen Aufgabe unbeirrt treu. Und gerade die unter ihnen, die diese Pflicht am treuesten erfüllen, sind auch am besten imstande, aus dem übernatürlichen Eingriff, der heute das Los ihrer Gattung erhebt, ihren Vorteil zu ziehen. Nun aber ist die unfehlbare Pflicht eines Wesens leichter zu entdecken, als man glaubt. Man kann sie jederzeit in den Organen lesen, durch die es sich vor anderen auszeichnet und denen alle anderen untergeordnet sind. Und ebenso wie es auf der Zunge, dem Munde und Magen der Bienen geschrieben steht, dass sie Honig hervorbringen müssen, ebenso steht es in unseren Augen, unseren Ohren, unserem Mark und allen Fibern unseres Kopfes, im ganzen Nervensystem unseres Körpers geschrieben, dass wir dazu geschaffen sind, alles Irdische, was wir in uns aufnehmen, in eine besondere Kraft von einer auf diesem Erdball einzigen Art umzusetzen. Kein uns bekanntes Wesen ist so wie wir befähigt, jenes seltsame Fluidum hervorzubringen, das wir Denken, Verstand, Intelligenz, Vernunft, Seele, Geist, Zerebralvermögen, Tugend, Güte, Gerechtigkeit, Wissen nennen, denn es besitzt tausend Namen, obwohl es immer dasselbe ist. Alles in uns ist ihm geopfert worden. Unsere Muskeln, unsere Gesundheit, die Beweglichkeit unserer Gliedmaßen, das Gleichgewicht unserer animalischen Funktionen, die Ruhe unseres Lebens – alle tragen mehr und mehr die Last seines Übergewichts. Es ist der kostbarste und schwierigste Zustand, zu dem man die Materie erheben kann. Feuer, Licht, Wärme, das Leben selbst, der Instinkt, der feiner ist als das Leben, und die Mehrzahl der unfasslichen Kräfte, welche die Welt vor unserem Erscheinen krönten, sie sind vor dem neuen Fluidum verblasst. Wir wissen nicht, wohin es uns führen, was es aus uns machen wird noch wir aus ihm. Von ihm werden wir es zu erfahren haben, sobald es in unumschränkter Machtfülle regiert. Inzwischen wollen wir nur darauf bedacht sein, wie wir ihm alles geben und opfern können, was es verlangt, alles, was seiner vollen Entwicklung frommt. Es ist kein Zweifel, dass hier die erste und größte unserer augenblicklichen Pflichten liegt. Die anderen werden wir von ihm erfahren, je mehr es wächst. Es wird sie nähren und erweitern, je nachdem es selbst genährt wird, wie das Wasser der Höhen die Bäche der Ebenen speist und erweitert, wenn es seine wunderbare Nahrung von den Gipfeln empfangen hat. Zerbrechen wir uns den Kopf nicht, wer von dieser Kraft, die sich derart auf unsere Kosten anhäuft, einst Nutzen haben wird. Die Bienen wissen auch nicht, ob sie den Honig essen werden, den sie speichern. Und ebenso wenig wissen wir, wem die Geisteskraft, die wir in die Welt einführen, einst nutzen wird. Wie sie von Blume zu Blume fliegen, um mehr Honig zu ernten, als sie und ihre Kinder bedürfen, so wollen auch wir von Realität zu Realität schreiten und alles sammeln, was dieser unbegreiflichen Flamme als Nahrung dienen kann, damit wir im Gefühl der Erfüllung unserer organischen Pflicht auf alles, was da kommen mag, vorbereitet sind. Nähren wir sie mit unseren Gefühlen und Leidenschaften, mit allem, was man sehen, fühlen, hören, fassen kann, und mit ihrem eigenen Wesen, welches der Gedanke ist, den sie aus allen Entdeckungen, Erfahrungen und Beobachtungen zieht und aus allem einträgt, was sie aufsucht. Dann wird ein Augenblick kommen, wo sich für einen Geist, welcher der wahrhaft menschlichen Pflicht mit bestem Willen gedient hat, alles so natürlich zum Besten wendet, dass selbst die Befürchtung, all sein Streben und Trachten könnte umsonst sein, die Glut seines Forschens noch heller, reiner, selbstloser, unabhängiger und edler entfacht.

Anmerkungen

1 Man könnte noch die Monografie von Kirby und Spence in ihrer »Introduction to Entomology« erwähnen, aber sie ist fast ausschließlich technisch.

2 Vor Kurzem lief durch die Zeitungen die Nachricht, dass ein Bauer beim Nachsehen seiner Bienenstöcke, die jeder gute Bienenzüchter zur Frühlingszeit einer Prüfung unterzieht, von einem Schwarm wütender Bienen angefallen wurde und den zahllosen furchtbaren Stichen erlag, die ihm die wild gewordenen Liebhaberinnen der Blumenwelt beibrachten. Gelegentlich dieses Vorfalls, der uns trotz seiner grausamen Folgen doch fast wie ein Stück Hirtengedicht und Frühlingsduft anmutet, gingen mir (denn seit der Veröffentlichung dieses Buches bin ich, ganz ohne mein Zutun, zu einer Art Sachwalter der Elementarbienenkunde geworden) allerhand verzweifelte und verstörte Briefe zu, in denen ich gefragt wurde, ob die Sache tatsächlich geschehen wäre und ob sie wirklich den Tod geben können, die flinken Jungfrauen mit den durchsichtigen Flügeln, die sich mit Frühlingsanfang aufmachen, um den Veilchen, Primeln und Anemonen das zu rauben, was in der Vorstellung des Menschen wohl das Reinste des Lebens ist: den Duft und die Schönheit der Blumen.

Mein Gott, ja, es ist möglich, und der Mensch kann den Tod auch in einem Sonnenstrahl oder einem Rosenstrauß finden. Er lauert überall, und nichts ist dem Leben ähnlicher als er. Er ist der unseren Kinderaugen furchtbar dünkende Schatten des Lebens, den es wirft, wenn es nach neuem Leben trachtet. Aber um ihn so zu finden, »im Flügelschwirren eines Bienenschwarms«, dazu bedarf es nach meiner Meinung mehr als einer gewöhnlichen Ungeschicktheit oder Schicksalstücke.

Die näheren Umstände dieses tragischen Idylls sind mir unbekannt. Um ihnen auf den Grund zu gehen, muss man einen Blick auf die recht seltsame Psychologie des Zorns der Bienen werfen. Die Biene ist im Grunde das langmütigste und friedfertigste Tier und sticht nie (wenn man sie nicht quetscht), solange sie die Blüten befliegt. Aber in ihrem wächsernen Königreiche behält sie diesen sanften und verträglichen Charakter nur dann bei, wenn ihre Stadt reich ist; ist sie arm, so wird sie kampfeslustig und Gefahr bringend. Wie oftmals beim Studium der Sitten dieses emsigen und geheimnisvollen Völkchens werden auch hier die Voraussetzungen der menschlichen Logik vollständig Lügen gestraft.

Es wäre natürlich, wenn die Bienen eine Stadt, die von mühsam gesammelten Schätzen strotzt, hartnäckig verteidigen würden, eine Stadt, wie man sie in guten Bienenständen trifft, wo der Nektar keinen Platz mehr findet in den unzähligen Zellen, die wie Tausende von kleinen Fässern von den Kellern bis unters Dach aufgespeichert liegen, sodass er längs der summenden Wände in goldigen Stalaktiten herabtropft und weit in die Fluren hinaus den vergänglichen Düften der sich öffnenden Blumenkelche den dauerhafteren Wohlgeruch des Honigs entgegensendet, in dem die Erinnerung an die von der Zeit geschlossenen Kelche weiterlebt.

Aber dem ist nicht so. Je reicher ihr Stock ist, desto weniger sind sie darauf bedacht, ihn zu verteidigen. Man öffne einen reichgesegneten Bienenstock oder stülpe ihn um: Wenn man mit etwas Tabaksqualm die Schildwachen am Eingang vorher verscheucht hat, so wird es höchst selten vorkommen, dass die anderen Bienen einem die flüssige Beute streitig machen, die sie dem Lächeln und der Huld der schönen Jahreszeit abgewonnen haben. Man mache dies Experiment nur unbesorgt; ich bürge für seine Gefahrlosigkeit, sofern man nur an die segensschwersten Stöcke geht. Man kann sie umwenden und handhaben wie summende, unschädliche Krüge. Was bedeutet das? Haben die tapferen Amazonen den Mut verloren? Hat der Überfluss sie verweichlicht, und haben sie, wie die allzu begüterten Einwohner reicher Städte, die gefährlichen Pflichten der Verteidigung auf die unglücklichen Söldner abgewälzt, die an den Toren wachen? Nein, man kann nie wahrnehmen, dass ihre Tugend durch das größte Glück entnervt wird. Im Gegenteil, je mehr ihr Gemeinwesen gedeiht, desto strenger sind die Gesetze, desto härter werden sie durchgeführt, und die Arbeitsbienen eines Stockes, in dem sich der Überfluss häuft, arbeiten viel fleißiger und schonungsloser als die eines armen Stockes.

Es liegen hier andere Gründe vor, die aber wahrscheinlich sind, sofern man sich nur klar wird, welche furchtbare Deutung die arme Biene unseren ungeheuren Bewegungen gibt. Wenn sie ihr gewaltiges Reich plötzlich in die Luft gehoben, hin- und hergestoßen und geöffnet sieht, denkt sie wahrscheinlich an eine unvermeidliche Naturkatastrophe, gegen die es sinnlos wäre, anzukämpfen. Sie leistet keinen Widerstand, aber sie flieht auch nicht. Indem sie die Zerstörung hinnimmt, scheint sie in ihrem Instinkt schon die künftige Wohnung zu sehen, die sie mit den Vorräten ihrer erbrochenen Stadt neu zu bauen hofft. Sie gibt die Gegenwart ohne Widerstand auf, um die Zukunft zu retten. Oder kommt es wohl auch vor, dass sie, wie der Hund in der Fabel, der »das Essen seines Herrn im Halse trägt«, zu der Einsicht gelangt, dass alles unwiederbringlich verloren ist, und es vorzieht, ihren Teil an der Beute in Beschlag zu nehmen und in einer einzigen wunderbaren Orgie das Leben mit dem Tod zu vertauschen? Wir wissen dies nicht genau. Aber wie sollten wir die Beweggründe der Bienen durchschauen, wenn die der einfachsten Handlungen unserer Mitbrüder uns vorenthalten bleiben?

Jedenfalls stürzen die Bienen bei jeder großen Prüfung, die über ihre Stadt hereinbricht, bei jeder Umwälzung, die ihnen unabwendbar dünkt, sobald die Schreckenskunde sich unter dem schwarzen, zitternden Völkchen von Mund zu Mund verbreitet hat, sich auf die Waben, reißen die geheiligten Siegel der verdeckelten Wintervorräte auf, tauchen den Kopf in die duftenden Behälter, kriechen ganz hinein und schlürfen in langen Zügen den keuschen Blumenwein, berauschen sich damit und saugen sich voll, bis ihr geringelter Hinterleib sich verlängert und erweitert wie ein schwellendes Euter. Nun aber vermag die vom Honig aufgeschwellte Biene den Hinterkörper nicht mehr in dem Winkel zu krümmen, der erforderlich ist, um den Stachel zu zücken. Sie wird also dadurch sozusagen wehrlos.

Man wähnt zumeist, der Bienenzüchter brauchte den Räucherapparat, um die kriegerischen Schatzgräberinnen der Luft zu betäuben und halb zu ersticken und so ohne Widerstand in den Palast der unzähligen Dornröschen einzudringen. Aber das ist ein Irrtum. Der Rauch dient zuerst zum Verscheuchen der Wache am Eingang, die stets auf Posten und äußerst reizbar ist; dann genügen zwei oder drei Wolken, um die Panik unter die Arbeitsbienen zu tragen, und diese Panik hat die seltsame Orgie zur Folge und die Orgie die Ohnmacht.

So erklärt es sich, dass man mit unverschleiertem Gesicht und bloßen Armen die volkreichsten Stöcke öffnen, ihre Waben prüfen,
die Bienen abschütteln und vor seine Füße werfen, sie auf einen
Haufen sammeln, wie Getreidekörner umschütten und inmitten
des summenden Schwarms ruhig den Honig schneiden kann, ohne
einen Stich zu bekommen.

Aber wehe dem, der die armen Bienenwohnungen anrührt! Es ist
wahrscheinlich bei einer dieser Behausungen des Elends gewesen,
wo der Unglückliche, von dem die Zeitungen meldeten, den Tod
gefunden hat. In der Tat sind am Ende des Winters die Vorräte der
meisten Bienenstöcke erschöpft, und ihre Insassen werden alsdann
gefährlich. Hier vermag auch der Rauch nichts, und kaum hat man
die ersten Wolken hineingeblasen, so kommen zwanzigtausend wü-
tende kleine Teufel aus dem Innern hervorgeschossen, stürzen sich
auf die Hände, umnebeln die Augen und bedecken das Gesicht
des Störenfrieds. Kein lebendes Wesen, außer dem Bären, wie man
sagt, und dem Totenkopfschmetterling, widersteht der Wut der geflügelten Legionen.

Vor allem darf man keinen Kampf aufnehmen, sonst wachen auch
die Nachbarkolonien auf. Es gibt kein anderes Heil als schnellste
Flucht durch die Büsche. Die Biene ist nicht so rachsüchtig und
unversöhnlich wie die Wespe und verfolgt den Feind selten. Wenn
die Flucht unmöglich ist, kann allein die vollständige Unbeweglichkeit sie beruhigen oder irreführen. Sie fürchtet jede zu heftige
Bewegung und greift sie an, aber sie verzeiht auf der Stelle, wenn
man sich nicht mehr rührt.

Die armen Bienenstöcke leben oder besser sterben in den Tag hinein, und weil sie in ihren Zellen keinen Honig mehr haben, so hat
auch der Rauch seine Wirkung verloren. Weil sie sich nicht vollsaugen können wie ihre begüterten Schwestern, so wird ihr Eifer nicht
durch die Möglichkeit einer Neugründung der Stadt beherrscht.
Sie wollen dann lieber auf der entweihten Schwelle sterben und
verteidigen sie, mager und eingefallen, gelenk und zügellos, wie sie
sind, mit unerhörtem Heldenmut und gleicher Hartnäckigkeit.

Darum transportiert der vorsichtige Imker auch keinen seiner darbenden Bienenstöcke, ohne zuvor den hungrigen Eumeniden ein
Honigopfer gebracht zu haben. Er gibt ihnen eine Honigwabe,

auf die sie sich stürzen und auf der sie sich bei Zuhilfenahme von Rauch vollsaugen und berauschen und alsbald sind sie entwaffnet wie die reichen Bürgerinnen der üppigen Städte.

Es wäre noch mancherlei zu sagen über den Zorn der Bienen und ihre seltsamen Abneigungen, die oft so wunderlich sind, dass man ihnen lange Zeit – und unter den Bauern tut man es noch jetzt – moralische Ursachen und tiefe mystische Intuitionen zugrundegelegt hat. So ist man z. B. überzeugt, dass die jungfräulichen Schnitterinnen die Nähe alles Unkeuschen nicht ertragen können. Es wäre erstaunlich, wenn die klügsten Geschöpfe, die mit uns auf diesem unbegreiflichen Erdball leben, der unschuldigsten Sünde ebenso viel Bedeutung beilegten wie der Mensch.

Im Grunde kümmern sie sich nicht darum; aber sie, deren ganzes Dasein sich im hochzeitlichen Hauche der Blumen wiegt, verabscheuen die künstlichen Düfte, die wir aus denselben gewinnen! Vielleicht benutzt Don Juan diese Parfüms mehr als ein tugendhafter Mensch; vielleicht trägt er an seinen Händen noch die innige und doch so lebendige Erinnerung an die langen Haare, die er liebkost hat. Und daher der Zorn der eifersüchtigen Bienen, daher die Sage von der rächenden Tugend.

3 Ein Beobachtungskasten ist ein Bienenstock mit Glaswänden und schwarzen Vorhängen oder Läden. Die besten sind die, welche nur eine einzige Wabe enthalten, sodass man sie von beiden Seiten beobachten kann. Diese Kästen lassen sich ohne Weiteres und ohne jede Gefahr in einem Wohn- oder Arbeitszimmer aufstellen, vorausgesetzt, dass sie einen Ausgang nach außen haben. Die Bienen meines Beobachtungskastens, den ich in Paris in meinem Arbeitszimmer habe, tragen selbst in der Steinwüste der Großstadt genug ein, um zu leben und fortzukommen.

4 Man setzt eine fremde Königin gewöhnlich in einem kleinen Käfig aus Eisendrähten bei, den man zwischen zwei Waben aufhängt. Die Türöffnung wird mit Wachs und Honig verschlossen, den die Bienen, wenn ihr Zorn verraucht ist, fortnagen. Die so befreite Gefangene wird von ihnen oft wohlwollend aufgenommen. Mr. S. Simmins, der Leiter der großen Bienenwirtschaft von Rottingdean, hat kürzlich eine andere Methode gefunden, die außerordentlich leicht zu befolgen und fast immer erfolgreich ist, weshalb sie auch bei den

gewissenhaften Bienenwirten immer mehr Verbreitung findet. Die Schwierigkeit bei der Einführung von Königinnen liegt nämlich in dem Benehmen der Königin selbst. Sie ist aufgeregt, flieht, verbirgt sich, gebärdet sich wie ein Eindringling und erweckt dadurch den Verdacht der Arbeitsbienen, der sich nach näherer Prüfung alsbald bestätigt. Mr. Simmins isoliert darum die beizusetzende Königin vollständig und lässt sie eine halbe Stunde fasten. Dann lüftet er die Innendecke des weisellosen Stockes ein wenig und setzt die fremde Königin auf das oberste Ende einer Wabe. Die vorangegangene Einsamkeit hat sie so unglücklich gemacht, dass sie jetzt froh ist, sich wieder unter Bienen zu sehen, und in ihrem Hunger die ihr dargebotene Nahrung begierig annimmt. Die Arbeitsbienen lassen sich durch ihr sicheres Auftreten täuschen und stellen keine Untersuchung an. Sie bilden sich vielleicht ein, dass ihre alte Herrin wiedergekehrt ist, und nehmen sie mit Freuden auf. Aus diesem Experiment scheint hervorzugehen, dass sie, im Gegensatz zu Huber und allen Beobachtern, ihre Königin nicht wiederzuerkennen vermögen. Wie dem aber auch sei, die beiden Erklärungen sind gleich annehmbar, wenn die Wahrheit vielleicht auch in einer dritten liegen mag, die uns noch nicht bekannt ist, und jedenfalls zeigen sie wieder einmal, wie verwickelt und unklar die Psychologie der Bienen noch ist. Und es lässt sich, wie aus allen Lebensfragen, auch hieraus nur der eine Schluss ziehen, dass wir in Ermangelung eines Besseren die Wissbegier in unserem Busen walten lassen müssen.

5   Das Gehirn der Biene beträgt nach den Berechnungen von Dujardin 1/174 des Gesamtgewichtes ihres Körpers, das der Ameise nur 1/296. Dafür sind die strangförmigen Körper, die sich im gleichen Verhältnis entwickeln, wie der Verstand, bei den Bienen etwas geringer, als bei den Ameisen. Aus diesen Schätzungen scheint – wenn man das Hypothetische derselben und die ganze Dunkelheit des Gegenstandes mit in Betracht zieht – sich zu ergeben, dass Ameise und Biene sich in Bezug auf Intellekt ungefähr gleichstehen müssen.

6   Ich habe das Experiment bei der ersten Frühlingssonne dieses ungünstigen Jahres wiederholt, und zwar mit dem gleichen negativen Ergebnis. Ein mit mir befreundeter Bienenzüchter, der ein sehr geschickter und sehr zuverlässiger Beobachter ist und von mir dieses

Problem vorgelegt erhielt, schrieb mir, er hätte bei demselben Experiment vier Fälle zu verzeichnen, wo unweigerlich eine Mitteilung stattgefunden haben müsste. Die Tatsache verdient festgestellt zu werden, doch die Frage bleibt ungelöst. Auch bin ich überzeugt, dass mein Freund sich durch das sehr begreifliche Verlangen, sein Experiment gelingen zu sehen, irreführen ließ.

7 Man hat übrigens gut getan, dieses Normalmaß nicht zu wählen. Der Zellendurchmesser ist von wunderbarer Regelmäßigkeit, doch wie alles, was auf organischem Wege entstanden ist, nicht von mathematischer Unveränderlichkeit. Überdies haben die verschiedenen Bienenarten, wie Maurice Girard nachgewiesen hat, bei ihren Zellen eine ganz bestimmte Seitenachse, sodass das Maß von Stock zu Stock ein anderes sein würde, je nach der darin wohnenden Bienenart.

8 Réaumur hatte dem berühmten Mathematiker König folgendes Problem gestellt: »Unter allen sechskantigen Zellen mit pyramidalem, aus drei gleichen und ähnlichen Rhomben bestehendem Boden die zu bestimmen, die am wenigsten Baustoff erfordert.« König antwortete, es wäre diejenige, deren Boden aus drei Rhomben bestände, deren große Winkel je 109° 26' und die kleinen je 70° 34' betragen. Nun aber hat ein anderer Gelehrter, Maraldi, die Winkel der Rhomben in den Bienenzellen so genau wie möglich nachgemessen und gefunden, dass die großen 109° 28', die kleinen 70° 32' betragen. Zwischen beiden Lösungen bestand also nur eine Differenz von zwei Minuten! Und es ist wahrscheinlich, dass der etwa vorliegende Irrtum von Maraldi begangen wurde, und nicht von den Bienen, denn es gibt kein Instrument, das die Zellenwinkel, die nicht so scharf hervortreten, mit untrüglicher Sicherheit nachzumessen erlaubte.

Ein anderer Mathematiker, Cramer, hat dasselbe Problem noch mehr im Sinne der Bienen gelöst; er fand 109° 28,5' für die großen und 70° 31,5' für die kleinen Winkel. Maclaurin, der Knigs Berechnung berichtigt hat, gibt 70° 32' und 109° 28' an, Leon Lalanne 70° 81' 44" und 109° 28' 16". Siehe über diesen Streitpunkt auch: Maclaurin, »Philos. Trans. of London«, 1743; Brougham, »Recherches analytiques et experimentelles sur les alveoles des abeilles«; L. Lalanne, »Note sur l'Architecture des abeilles« usw.

9 Das Flugbrett ist oft nichts als eine Fortsetzung des Brettes, auf dem
der Bienenstock ruht, und bildet eine Art Vorhof oder Ruheplatz
vor dem Haupteingang, dem sogenannten Flugloch.

10 Einige Bienenzüchter behaupten, dass Arbeitsbienen und Königinnen, sobald sie das Ei verlassen haben, dieselbe Nahrung erhalten,
eine Art stickstoffreicher Milch, welche die Pflegerinnen aus einer
Kopfdrüse ausscheiden. Doch werden die Arbeitsbienenlarven nach
einigen Tagen entwöhnt und fortan mit gröberer Nahrung, Honig
und Pollen, gespeist, während die junge Königin bis zu ihrer vollständigen Entwicklung reichlich mit jener kostbaren Milch ernährt
wird, die man den »Königstrank« genannt hat. Wie dem aber auch
sei, der Erfolg und das Wunder bleiben die gleichen.

11 Es ist unmöglich, die Einzelheiten dieser von Darwin beobachteten
Fälle hier wiederzugeben. Der Vorgang ist in großen Zügen Fol-
gender: Der Pollen von *Orchis morio* ist nicht staubförmig, sondern
ballt sich zu kleinen Kolben, welche die sogenannten Pollinarien
bilden. Diese (es sind ihrer zwei) haben einen stielartigen Fortsatz,
der an seinem unteren Ende in eine klebrige Rundung ausläuft (das
Cäudiculum) und von einem membranartigen Säckchen (dem Rostellum) umschlossen wird, das bei der leisesten Berührung platzt.
Steckt nun eine der Blüte beiliegende Biene den Kopf in den Kelch,
um den Nektar zu saugen, so streift sie dies Beutelchen, dasselbe
zerreißt und die beiden klebrigen Rundungen treten zutage. Die
Pollinarien bleiben infolge des Klebstoffs, der an den Rundungen
sitzt, am Kopfe des Insekts haften und dieses trägt sie beim Verlassen der Blume wie ein Paar zwiebelartige Hörner von dannen.
Wenn diese zwei Pollenhörner nun steif und gerade blieben, so
würden sie in dem Augenblick, wo die Biene die nächste Orchidee
befliegt, das membranartige Säckchen derselben berühren und einfach zum Platzen bringen, aber nicht bis zu der Narbe (dem weiblichen Organ) der zweiten Blume dringen, die befruchtet werden
muss und unter dem membranartigen Säckchen liegt. Die *Orchis
morio* hat diese Schwierigkeit genial erkannt, und darum vertrock-
net nach dreißig Sekunden, d. h. in der kurzen Spanne Zeit, die
das Insekt braucht, um den Nektar vollends aufzusaugen und eine
andere Blume zu befliegen, der Stängel des kleinen Kolbens und
schrumpft zusammen, und zwar stets nach derselben Seite und im

gleichen Sinne; die den Pollen enthaltende Zwiebel sinkt herab, und ihr Neigungswinkel ist so genau berechnet, dass sie sich in dem Augenblick, wo die Biene in die benachbarte Blume hineinschlüpft, genau auf der Höhe der Narbe befindet, auf die sie ihren befruchtenden Staub entleeren muss. Siehe für alle Einzelheiten dieses intimen Dramas der unbewussten Blumenwelt die prachtvolle Studie von Darwin »Über die Befruchtung der Orchideen durch Insekten und die guten Wirkungen der Kreuzung«, 1862.

12 Es ist dem Professor McLain kürzlich gelungen, einige Königinnen künstlich zu befruchten, aber nur mithilfe von komplizierten und schwierigen chirurgischen Operationen. Übrigens war die Fruchtbarkeit dieser Königinnen nur beschränkt und vorübergehend.

13 Ein starkes Volk braucht während der Überwinterung, die in unseren Himmelsstrichen etwa sechs Monate dauert, d. h. von Oktober bis Anfang April, gewöhnlich zwanzig bis dreißig Pfund Honig.

14 In der wissenschaftlichen Einteilung nimmt die Hausbiene *(Apis mellifica)* folgenden Platz ein. Klasse: Insekten. Ordnung: Immen *(Hymenoptera)*. Familie: Eigentliche Bienen *(Apidae)*. Sippe: *Apis.* Art: *Mellifica.* Die Bezeichnung *Mellifica* stammt aus der Linneschen Einteilung. Sie ist nicht sehr glücklich gewählt, denn alle Bienen, mit Ausnahme einiger Parasiten, sind Honigbienen. Scopoli sagt *cerifera*, Réaumur *domestica*, Geoffroy *gregaria*. – *Apis ligustica*, die italienische Biene, ist nur eine Abart von *Apis mellifica*.

15 Der Fall tritt auch bei Nachschwärmen häufig genug ein, denn sie sind weniger erfahren und vorsichtig als der Vorschwarm. An ihrer Spitze befindet sich eine junge, leichtsinnige Königin, und sie bestehen meist aus ganz jungen Bienen, in denen der ursprüngliche Instinkt um so lauter spricht, weil sie die Strenge und Wetterwendigkeit unseres nordischen Himmels noch nicht kennen. Übrigens lebt keiner dieser Schwärme über die ersten Herbststürme hinaus, und sie vermehren die unzähligen Opfer der langsamen und dunklen Versuche der Natur.

16 Da wir uns hier zum letzten Male mit den Bauten der Bienen beschäftigen, wollen wir eine Eigentümlichkeit der *Apisflorea* nicht unerwähnt lassen. Einzelne Drohnenzellen sind bei ihr zylindrisch statt sechseckig. Es scheint also, dass sie noch nicht dauernd von der

einen Form zur anderen übergegangen ist und endgültig die bessere angenommen hat.

17 Etwas Ähnliches berichtet Büchner: Auf der Insel Barbados, wo viele Zuckersiedereien sind und die Bienen das ganze Jahr hindurch Zucker in Überfluss finden, befliegen sie keine Blüte mehr. Ein Beweis mehr, dass die Anpassung an die Umstände nicht langsam, etwa im Laufe von Jahrhunderten stattfindet oder unbewusst und fatalistisch ist, sondern dass sie unmittelbar eintritt und auf Überlegung beruht.

18 Man verwechsle nicht Apinen, Apiden und Apiten. Diese drei Ausdrücke werden durcheinander gebraucht, wie sie sich in der Klassifikation von Emile Blanchard vorfinden. Der Stamm der Apinen umfasst alle Familien der Bienen, die Apiden bilden die erste Familie derselben und zerfallen ihrerseits in Apiten, Meliponiten und Bombinen (Hummeln). Die Apiten endlich umfassen die verschiedenen Arten unserer Hausbiene.

19 Zum Beispiel die Hummeln, deren Schmarotzer die Psithyrus oder Schmarotzerhummeln sind, die Steliden, die auf Kosten der Anthidien leben. »Man ist«, sagt J. Perez (»Les Abeilles«) sehr richtig, »wegen der häufig vorkommenden Ähnlichkeit der Schmarotzer mit ihren Opfern zu der Annahme gezwungen, dass beide Arten nur zwei Formen desselben Typus bilden und engstens miteinander verwandt sind. Für die der Entwicklungslehre huldigenden Naturforscher ist diese Verwandtschaft nicht nur ideell, sondern real. Die Schmarotzerart ist nach ihnen eine Abart der anderen und hat ihre Sammelwerkzeuge durch Anpassung an das Schmarotzerleben verloren.«

20 Es steht freilich nicht fest, ob das Prinzip des Königtums oder der Mutterschaft einer Einzigen bei den Meliponiten sehr streng durchgeführt wird. Blanchard glaubt mit Recht, dass wahrscheinlich mehrere Weibchen in einem Stock leben, da sie sich bei ihrer Stachellosigkeit nicht so leicht töten können, wie die Bienenköniginnen. Aber dies ist bisher nie festgestellt worden, weil die Weibchen und Arbeiterinnen sehr schwer zu unterscheiden sind und die Meliponiten in unseren Himmelsstrichen durchaus nicht gedeihen.

21 Siehe auch die ausführlichere Darstellung auf Seite 89.

Gerhard Roth

Über Bienen. Ein Essay

Bienen hatten für mich immer etwas mit dem Gehirn, dem
Denken zu tun: Die Bienenstöcke erinnern an den Kopf, die
Waben an die grauen Zellen, die Bienen an Wahrnehmun-
gen und Gedanken, und pausenlos und unsichtbar wirkt die
Sexualität. Sie beherrscht übrigens das gesamte Bienenvolk,
das aus 70 000 Bienen zur Schwarmzeit im Mai und ungefähr
15 000 im Winter besteht.

Schon bald erkannte ich im Universum, in der Sternenwelt
des »stockdunklen« Kosmos, den Meteoriten, den Sternen-
haufen, Spiralnebeln, Sonnen und Monden Analogien wieder, die ihrerseits nur eine wendeltreppenartige Fortsetzung
aus der mikroskopischen Welt zu sein scheinen. In der Biene
zeigt sich am spielerischsten und – wie man trügerischerweise
annimmt – auf die friedlichste Weise das »kosmische Prinzip«.

Wie ein Astronaut landet der Imker auf dem Bienenplane-
ten, im weißen Imkeranzug und mit einem an einen Florett-
fechter erinnernden Kopfschutz, als Verkörperung des ano-
nymen Schicksals. Er tötet die Königin, die bis zu vier Jahre
leben könnte, nach zwei Jahren und ersetzt sie durch eine
neue, um die Bienenvölker stark zu halten; er erzeugt Kunst-
schwärme aus verschiedenen Völkern; er nimmt den Bienen
den Honig ab, und er füttert sie mit Zuckerwasser, wenn die
Witterung für längere Zeit schlecht ist. Längst ist die Biene

zum Haustier geworden, das sich nicht zähmen lässt, ein merkwürdiger metaphysischer Begleiter des Menschen, ein Summ-Geist, »der Bien«, wie ihn der Bienenforscher Pfarrer Gerstung genannt hat.

Der Bien ist der Organismus, der sich aus allen Bienen eines Bienenvolkes zusammensetzt. Er hat kein bestimmtes Aussehen. Einmal, im Winter, ist er eine Traube aus Insekten, dann wiederum kann er sich kilometerweit in alle Richtungen ausdehnen und kaleidoskopisch die bizarrsten Formen annehmen – ganz, wie es die Futtersuche erfordert. Er ist ein ungewöhnliches, in sich tanzendes und pulsierendes Tier aus frei beweglichen Körperzellen, das eher dem flüssigen oder gasförmigen Aggregatzustand zuzurechnen ist als dem festen.

Als vor fünf oder sechs Jahren der Imkermeister Zmugg mit seinem Sohn vierzig Stöcke unmittelbar in der Nähe meines Hauses in Obergreith in der Steiermark aufstellte, beschäftigte mich gerade das Problem der wechselnden Perspektive im Roman, die es mir ermöglichen sollte, Hunderte kleine und größere Geschichten miteinander zu verbinden. Ich wandte mich stattdessen aber den Bienen zu. Meine ersten eingehenden Erkundungen holte ich über den Giftstachel ein: Mein Bienenwissen beschränkte sich zunächst auf ein absonderliches Expertentum für Schmerzen, Schwellungen und Juckreiz durch den Bienenstich, seine anatomischen, chemischen und physiologischen Grundlagen sowie eine Sammlung drastischer Fälle von fünfzig Stichen aufwärts, die – wie mir von Imkern versichert wurde – keine Seltenheit sind.

Der Bienenstachel besteht aus zwei spitz zulaufenden Borsten, die Widerhaken aufweisen. Durch Muskelzug und Hebelwirkung stößt er aus der Stechkammer des Hinterleibes, *sägt sich* in die Oberfläche des Widersachers und verankert sich mit den Widerhaken. Das ist auch gleichzeitig das Verhängnis der Bienen, denn beim Wegfliegen verlieren sie den ganzen

Stachelapparat samt Nervenknoten und Giftblase und gehen innerhalb eines Tages an den inneren Verletzungen zugrunde. Die Haut des Menschen und der Säugetiere ist nämlich elastisch und zieht sich um die Zähnchen des Stachels zusammen. Anders wenn die Biene ein Insekt sticht, denn aus dessen Chitinpanzer kann sie ihren Stachel unbeschadet wieder herausziehen.

Das Universum der *Apis mellifica,* der Honigbiene, ist voller kafkaesker Gesetze, voller Strafkolonie-, Verwandlungs- und Prozessgeschichten, es wäre ein blutiger magischer Stoff für einen Bienenschriftsteller, könnten die Bienen schreiben. Das Aussehen einer Biene wird umso grotesker, je mehr man ihr Abbild vergrößert. Ich habe mit dem Mikroskop Präparate von Bienenköpfen, dem Stechapparat und den Facettenaugen gesehen, denen mein nächstes Interesse galt. Mich erinnerten die Augen mit ihren sechseckigen Sehstäben an die Wabenform. Die Biene hat eigentlich fünf Augen, zwei seitliche und drei kleine auf dem Kopf zur Hell- und Dunkelwahrnehmung. Das Bienenauge hat weder Pupille noch Regenbogenhaut oder Linse. Kristallklare, kegelförmige Gebilde sammeln die Lichtstrahlen und leiten sie der Netzhaut zu. Fünftausend solcher Kiele bilden wie ein Bündel winziger Fernrohre jedes der beiden seitlichen Augen. Die Biene sieht, wie fast alle Tiere, eine andere Welt. Ihr Farbenspektrum ist vom langwelligen Rot zum kurzwelligen Violett hin verschoben. Sie sieht Rot statt Schwarz, Weiß statt Blau, und im Flug – mit gewöhnlich 200 Flügelschlägen in der Sekunde – besser als in Ruhelage, wenn sie auf ihren sechs Beinen steht. Nach unseren menschlichen Begriffen sind die Bienen taub, aber durch ihren sensiblen Tastsinn ist es ihnen möglich, Lautäußerungen wahrzunehmen. Auch können die Bienen schmecken und riechen – ihr Geruchssinn befindet sich auf den Fühlern, weshalb sie gleichsam plastisch riechen. Niemals soll man schwitzend oder stark alkoholisiert zu den Bienenstöcken gehen – andererseits kann man einen Bienenschwarm durch Rauch oder Nelkenöl »beherrschen«. Benetzt man die Hände mit diesem Öl und nähert sich dem offenen Stock, »weichen« die Bienen.

Langsam begann ich die Bienen für mich zu entdecken. Wie jedermann habe auch ich den geheimen Wunsch, mit Tieren zu sprechen. Zuerst las ich das wunderbare Buch »Aus dem Leben der Bienen« von Karl von Frisch, der die Bienensprache »entziffert« hat. Die Bienensprache ist keine Folge von Hieroglyphen in einem Pharaonengrab, sondern eine Körpersprache, mit der die Biene den Stock »tanzend« davon informiert, wo sie Nektar und Pollen gefunden hat. In der Dunkelheit des Stockes – die Biene als »Höhlenbewohner« erblickt bei ihrer Geburt die *Dunkelheit* der Welt – findet ein Sprachballett statt, dessen Bedeutung die Bienen über die Berührung und Teilnahme am Tanz verstehen. Mit einem »Rundtanz« benachrichtigt die Eintreffende ihre Artgenossen, dass sie eine bis zu hundert Meter entfernte Futterquelle, der Imker nennt sie »Tracht«, entdeckt hat (indem sie sich zuerst linksherum und hierauf rechtsherum im Kreis dreht), mit dem »Schwänzeltanz« verkündet sie bis zu drei Kilometer entfernte Futterplätze (wobei zur Richtungsangabe der jeweilige Sonnenstand dient und der Hinterleib der Biene pendelartig ausschlägt, sobald sie die gerade Nahtlinie zwischen zwei Halbkreisen, die sie beschreibt, entlanggeht). Es ist dies ein so komplexes Kapitel und gleichzeitig ein so einzigartiges Kommunikationssystem, eine Art lebendiger Schrift (ähnlich wie Worte und Sätze in der Dunkelheit des Gehirnes entstehen), dass es mich den ganzen Sommer über beschäftigte. Gleichzeitig fing ich an, mich mit der Blindenschrift zu befassen, dem Morsen von Hand zu Hand, dem Taubstummenalphabet, den Flaggenzeichen und natürlich dem weiten Feld der Körpersprache bei Mensch und Tier. Nachdem ich das Buch von Karl von Frisch gelesen hatte, war ich überzeugt davon, durch eine gewaltige und undurchdringliche Eisdecke von allem, was außerhalb des Menschen liegt, getrennt zu sein. Was wissen wir von den sprachlichen Vorgängen in Pflanzen, Steinen, einem Wassertropfen! In der Folge schaffte ich mir ein Dutzend Bücher über Bienen an und schaute dem Imkervater und seinem Sohn bei ihrer Arbeit zu. Ich las Wilhelm Rüdigers »Kulturgeschichte der Biene« (die historisch-soziale Darstellung der »Bienheit« aus der Sicht des Menschen), Sterns »Bemerkungen über Bienen« und eine antiquarische Ausgabe von Maeterlincks »Das Leben der Bienen«, ein wunderliches Werk.

Während Karl von Frischs »Aus dem Leben der Bienen«, eine wissenschaftliche Abhandlung ist, näherte sich Maeterlinck in seiner Bienenstudie den Insektenbeschreibungen des französischen Entomologen Jean-Henry Fabre. Er wusste zwar noch nichts über die Sprache der Bienen und anderes mehr, aber seine poetische Erzählweise macht das durch die Kraft der Sprache und die scharfen Beobachtungen wett. Die Sichtweise ist anthropomorph, spirituell und nicht selten mystisch, wenn er über die Natur und über die Schöpfung reflektiert, andererseits ethnographisch, sobald er die Bienen wie ein archaisches Volk betrachtet und die ihm fremden Verhaltensweisen beschreibt. Er ordnet den Bienen fast märchenhaft Geist, Intellekt und Verstand zu, aber werden auch nicht immer wieder Märchen von der Wissenschaft bestätigt, wenngleich zumeist nur in einem übertragenen Sinn? Dass Tiere eine Sprache haben und denken können, ist nur ein Teil davon.

Maeterlinck kommt zu der nicht überraschenden Erkenntnis: »Je länger man sie züchtet, desto mehr wird man sich unserer tiefen Unkenntnis über ihr wirkliches Dasein bewusst.« Großartig sind seine Schilderungen des Bienenstichs, die mich sogleich bei der Beschreibung im Abschnitt: »Wenn man zum ersten Male einen Bienenstock öffnet«, gefesselt haben. »Es ist«, schreibt Maeterlinck, »ein trockenes, zuckendes Brennen, eine Art Wüstensonnenbrand ... Es ist, als ob diese Sonnenkinder aus den glühendsten Strahlen ihrer Mutter ein leuchtendes Gift gesogen hätten, um die Schätze der Süßigkeit ... wirksamer zu verteidigen.« Und nicht weniger eindringlich ist die Auseinandersetzung mit dem Tod eines Bauern in den Anmerkungen, der »beim Nachsehen seiner Bienenstöcke von einem Schwarm wütender Bienen angefallen wurde« und »den zahllosen furchtbaren Stichen erlag ...«.

Maeterlinck spricht von einem »Mysterium« und einem »Geist des Bienenstockes« als »eine verhüllte Gewalt von überlegener Weisheit«. Allmählich wird so aus dem Preislied zu Ehren der Bienen eine Hymne an die gesamte Schöpfung und den unbekannten Schöpfer, »den namenlosen Herrn des kreisendes Rades«. Und der Dichter fragt sich erstaunt: »Handelt es sich um die Bienen oder uns selbst, uns scheint alles, was wir noch nicht verstehen, ein Verhängnis.«

Durch das Mirakulöse, Märchenhafte seiner Ausführungen und die eindringliche Darstellung, entsteht eine bildhafte Welt, dass man mitunter glaubt, einen alten Walt-Disney-Zeichentrickfilm anzuschauen. Natürlich fehlt es dabei auch nicht an Gefühl und Pathos. Dazu geben Maeterlinck das Schwärmen der Bienen oder die Bestattung in den Stock eingedrungener Mäuse unter einer Wachsglocke ausreichend Gelegenheit. So beschreibt er die *apis mellifica* einmal auch als Vertriebene aus dem Paradies, indem er festhält: »Man möchte sagen, dass sie sich in einer Welt fühlt, die allen gehört, wo jeder Anspruch auf seinen Platz hat.« Und: »Zudem können wir nicht ahnen, wie sehr ein Wesen, das uns beobachten würde, wie wir sie beobachten, über uns in Erstaunen geraten würde.« Zuletzt bewundert er die »selbstlose und nahezu unbegreifliche Zusammenarbeit« im Bienenstaat, er spricht von der

»Politik und den Lebensgewohnheiten« und dem »Gesetz der Zukunft«, die dort herrschen.

Es gibt zahllose Spekulationen um den Bienen-STAAT, das Bienen-VOLK. Ein Vergleich zwischen menschlichen Gesellschaftsordnungen und dem Bienenstaat liegt nahe. Es wäre jedoch ein totalitärer Staat, ein kalter, mechanistischer Arbeits- und Gebär-Staat, in dem jedermann, zu jeder Zeit und so lange er lebt, seine »Pflicht zu erfüllen« hätte. Schopenhauer attackierte in seiner Schrift »Kopfverderber« Hegel, der »zu der empörenden Lehre gelangt, dass die Bestimmung des Menschen im Staat aufgehe – etwa wie die der Biene im Bienenstock; wodurch das hohe Ziel unseres Daseins den Augen ganz entrückt wird«.

Es ist festzuhalten, dass die Honigbiene als Einzelne zugrunde geht, wenn man sie von ihrem Volk trennt. In diesem Zusammenhang ist sie zwar ein Gemeinschaftswesen, aber kein Zoon politikon im Sinne des aristotelischen politischen Lebewesens. Bei Aristoteles hat der Staat ja eine positive Funktion, er will dem mit Sprache und Vernunft ausgestatteten Menschen bei seiner Verwirklichung helfen. Übrigens lässt sich diese Analogie nicht auf alle Bienenarten ausdehnen: Es gibt welche, die keine Gemeinschaft bilden. Zusammengehalten wird das »Volk« durch einen »Hemmstoff«, der Pheromone enthält – hormonähnliche Substanzen, die die Königin kurze Zeit nach dem Schlüpfen in ihren Vorderkieferdrüsen erzeugt und mit dem Putzen auf ihren Körper überträgt. Man nimmt an, dass dieser Stoff vom »Hofstaat« im Volk staffettenartig verteilt wird. Der Großteil des Staates besteht durch diese *Stille Post* aus geschlechtlich verkümmerten Königinnen, den Arbeitsbienen (untereinander Schwestern) und ungefähr eintausend Drohnen (männliche Bienen), die – da sie sich nicht selbständig ernähren können – von den Arbeitsbienen gefüttert werden. Sie besitzen keinen Stachel und keine Organe oder Gliedmaßen, mit denen sie Arbeit verrichten könnten. Der Bien, dieser fliegende Staatspolyp mit seinen Greifarmen, Saugnäpfen und Giftstacheln, hat in den Drohnen nur sein männliches Geschlechtsorgan entwickelt, in einer Art und Weise, die an Aldous Huxleys »Brave New World« und die Manipulationsmöglichkeiten in den gentechnischen Laboratorien denken lässt. Wir sind schon tief in den Sexualmagnetismus des Bienenstaates eingedrungen, denn der hormonartige Stoff der Bienenkönigin verhindert auch die geschlechtliche Reifung der Arbeitsbienen. In einem gewissen Sinne macht er sie hörig. Der Staat der Bienen ist ein Gebilde, das sich aus sexueller Hörigkeit geformt hat und auf ihr beruht. Die Bienenkönigin hat darin die Rolle einer Witwe, deren Männer den Liebestod fanden, nachdem sie sich mit ihr auf einen ihrer Begattungsflüge begeben haben. Noch drei bis vier Jahre danach legt sie täglich ein- bis zweitausend Eier in die Waben – die Zahl hängt davon ab, womit sie von ihren »Ammen« gefüttert wird. Nach drei Tagen werden aus den Eiern Maden, nach weiteren sechs Tagen Puppen, und zwölf Tage darauf – also nach insgesamt einundzwanzig Tagen – schlüpfen die Jungbienen aus.

Mit der Beantwortung der Frage, woher die Königin ihre immense Legekraft nimmt, berührt man den tragikomischen Bereich der *Bienenexistenz.* Im Frühling, wenn Blütezeit ist, hat sich im Stock die größte Anzahl von Bienen gebildet. Es ist Schwarmzeit. Da der Platz im Stock zu knapp geworden ist, zieht die Hälfte der Bienen wie eine heftig strömende Flüssigkeit aus – es kommt neben der geschlechtlichen nahezu gleichzeitig zu einer ungeschlechtlichen Fortpflanzung: Der Bien verdoppelt sich in einer Art Zellteilung. Bevor ein Teil der Bienen mit der alten Königin ins Freie stürzt und wie ein summendes Insektengehirn auf einem Obstbaum hängt (von dem es durch den Imker, der das Schwärmen am liebsten verhindert, mit einem Kasten wieder eingefangen wird), haben die Arbeitsbienen schon Vorsorge getroffen. Sechzehn Tage vor dem Schlüpfen einer neuen Königin haben sie mehrere größere Weiselzellen angelegt und die widerspenstige alte Königin (die ihren gewohnten Stock später verlassen muss) gezwungen, für Nachfolge zu sorgen. Die Maden und Puppen werden mit einem speziellen Saft aus den Kopfdrüsen der Arbeitsbienen, dem Gelée royale, gefüttert. Von den schlüpfenden Jungköniginnen wird nur eine einzige von einem »Hofstaat« umgeben, unverzüglich darauf werden ihre Schwestern von den Arbeitsbienen abgestochen. Die alte Königin hat den Stock längst verlassen, wenn ihre acht Tage alt gewordene Nachfolgerin – begleitet von einer Drohnenwolke – zum ersten Begattungsflug aufbricht. Der schnellste Drohn, der, weitab vom Standort, die Königin eingeholt hat, stülpt seinen grotesk großen, gallertigen Begattungsschlauch nach außen, schnellt ihn mit der darin enthaltenen Samenmasse im Flug in die Königin und sinkt sterbend, da ihm bei diesem Vorgang der Geschlechtsapparat abgerissen wird, zu Boden. Sofort stürzt sich der nächste Drohn auf die Königin, entfernt den Geschlechtsapparat des Vorgängers und vereinigt sich mit ihr auf dieselbe Weise. Die Königin wird fünf- bis zehnmal begattet. Acht bis zehn Millionen Samenfäden der Drohnen hat sie in einer Samenblase des Hinterleibes gespeichert. Aus befruchteten Eiern, die nicht größer als ein Kümmelkorn sind, werden Arbeitsbienen, aus den unbefruchteten – Drohnen. Die Drohnen haben daher keinen Vater, aber einen Großvater, eine Großmutter, zwei Urgroßmütter und einen Urgroßvater. Während eine Arbeitsbiene, die einen Großvater, zwei Urgroßväter und drei Urgroßmütter hat, in den Sommermonaten fünfunddreißig bis fünfzig Tage lebt (im Winter aber sieben Monate), dauert das Leben einer Drohne bis zu fünf Monaten. Im August ereignet sich die »Drohnenschlacht«. Es ist ein seltsamer biologischer Vorgang. Der Bien trennt sich von seinem männlichen Geschlechtsteil – er entmannt sich geradezu. Die Bienen bereiten sich nämlich, nachdem nichts mehr blüht, darauf vor, dass sie vom eingebrachten Honig leben müssen. Bemerkenswerterweise haben die Sommerbienen, die ihre Nachfolger, die Winterbienen, nie zu Gesicht bekommen, diesen gesammelt und dafür ihr eigenes Leben beträchtlich verkürzt. Nun befreien sich die Bienen also von den »überflüssig« gewordenen Essern. Eines Tages wird den Drohnen die Nahrung verweigert, und sie werden aus dem Stock gedrängt. Da sie keinen Stachel haben, können sie sich nicht wehren. Besonders hartnäckige werden abgestochen. Es folgt eine Festmahlzeit für Vögel und Igel, die in diesen Tagen in der Nähe der Bienenstöcke anzutreffen sind. Bald darauf hält der Bien den Winterschlaf. Die Arbeitsbienen haben bis zu ihrem Tod die vielfältigsten Aufgaben zu erfüllen: das Reinigen des Stockes und das Wegräumen von Bienenleichen, das Füttern der Larven, den Wabenbau, den Wach- und Sammeldienst. Beim Wabenbau wird das Wachs von acht aus mehreren tausend Zellen bestehenden Drüsen unter den Bauchschuppen des Chitinpanzers produziert und in kleinen Plättchen ausgeschwitzt. Für ein Gramm Wachs werden mehr als tausend solcher Plättchen benötigt. Zum Wabenbau haken sich die Bienen, ebenso wie sie einen Schwarm bilden, mit den Vorder- und Hinterbeinen ineinander und geben das Wachs mit dem Rüssel weiter.

Während der Aufzucht einer Larve erhält eine Zelle fünftausend und mehr Besuche von den pflegenden Bienen. Karl von Frisch aber schreibt: »Das Sprichwort vom Bienenfleiß ist aufgekommen, weil man gewöhnlich nur die *sammelnden* Bienen sieht. Wer auch das Leben im Inneren des Stockes betrachtet, wird bald erkennen, wie viel Zeit dem Nichtstun gewidmet ist.«

Ihren Ruhm verdanken die »königlichen« Bienen, deren Bild die Pharaonen als Zeichen ihres Herrschertums über Oberägypten zum Symbol erhoben und Napoleon in seinen und Josephines Krönungsornat sticken und überall – auf Möbeln, Tapeten und in kunstvollen Intarsien – als sein Herrschaftszeichen anbringen ließ, ihren Ruhm verdanken die Bienen der Bestäubung der Pflanzen, d. h. der Übertragung des männlichen Samens, des Pollens, auf das weibliche Geschlechtsteil einer Blüte, die Narbe.

Da die Biene immer dorthin fliegt, wo sie die meiste Blütentracht findet, ist sie das ideale Bindeglied zur Bestäubung von Pflanzen einer Art. Die Biene macht das, wenn man so will, unbewusst: Sie wird vom Blütenstaub, den sie mit den Hinterbeinen als Futter zur Aufzucht der Brut sammelt, und dem Nektar, einem Zuckerwassertropfen, der von den Pflanzen in unterschiedlichen Farben, Geschmacks- und Geruchsvariationen angeboten wird (weshalb sich auch die Honigsorten unterscheiden), angelockt.

Der Honigmagen der Biene ist nicht größer als ein Stecknadelkopf. Eine Biene wiegt 80 Milligramm und bringt von einem Flug bis zu 50 Milligramm Pollen, also das halbe Körpergewicht, mit. Auf Kleeblüten sind 1 500 Besuche notwendig, bis ein Bienenmagen gefüllt ist, aber eine Biene muss sechzigmal ihren Magen leeren, wenn sie nur einen Fingerhut Nektar sammeln will. Man nimmt an, dass 20 000 Bienenflüge notwendig sind, um einen Liter Nektar einzubringen. Aus einem Liter Nektar werden aber nur 150 Gramm Honig gewonnen. Ein Kilogramm ist demnach die Lebensarbeit von sechstausend Bienen.

Der frisch eingetragene Nektar wird an die Stockbienen verteilt und von ihnen durch wiederholtes Auswürgen in kleinen Tropfen der warmen Stockluft ausgesetzt, wobei das Wasser verdunstet. Es dauert Tage, bis aus dünnflüssigem Nektar haltbarer Honig entsteht, der in den Waben gespeichert und mit Wachs verdeckt wird.

Der Waldhonig hat etwas vom Zauber des Königs Midas: Es ist die Verwandlung von Exkrementen in Honig. Hier hat die Natur dem lustvollen Schlucken, Verdauen und Ausscheiden eine Narrenkrone aufgesetzt. Wenn man der Literatur Glauben schenken darf, findet man auf einer Linde mit geschätzten 24 000 Blättern bis zu 7 Kilogramm Honigtau, wie die süßen Exkremente der Blattläuse in der Imkersprache genannt werden. Man kann sie mit freiem Auge als silberne Spur erkennen. Die Biene saugt den Honigtau auf und erzeugt durch oftmaliges Erbrechen, Wiederschlucken und Ausspucken unter Beimengung eigener Fermente schließlich den Waldhonig.

Propolis ist das Kittharz der Bienen. Die Bienen verwenden es zum Abdichten der Stöcke und gewinnen es aus dem Harz der Bäume. Außerdem dient es den »Leichenbestattern« unter den Arbeitsbienen zur Mumifizierung von in den Stock eingedrungenen Mäusen, die zuerst abgestochen und anschließend mit Kittharz einbalsamiert werden. Die Bienen verabscheuen nämlich den Fäulnisgestank. Auch in der Medizin wird Propolis wegen seiner entzündungshemmenden Wirkung angewandt, besonders gegen Zahnschmerzen, Warzen und – mit Wasser versetzt – zur Ausnüchterung, was – wie ich nach einem dramatisch verlaufenen Selbstversuch bestätigen kann – tatsächlich hilft.

Der Bienenzüchter erinnert an den ausgestreckten Finger des Schöpfers auf Michelangelos Darstellung in der Sixtinischen Kapelle: So berührt er als verletzbares und sterbliches Wesen die ihm ausgelieferten Bienen. Durch den Imker ist die Biene eine andere geworden als zuvor als Wildbiene. Sie könnte ohne ihn nicht mehr existieren: unwissentlich ist sie in eine Art Leibeigenschaft gelangt. Wegen der Monokulturen fände sie nur einmal im Jahr eine riesige Blütenmenge vor, die sie in der kurzen Zeitdauer der Blüte aber nicht bewältigen könnte und die als Nahrung für das restliche Jahr nicht ausreichen würde. Um die Bienen am Leben zu erhalten und genügend Honig zu gewinnen, müssen die Imker wandern. Sie verladen die Magazine mit ihren Völkern und fahren in der Nacht oder bei anbrechendem Morgen als summender Bienen-Zirkus im April der Obstbaum- und Löwenzahnblüte nach, später dem blühenden Raps, den »Akazien« (richtig: Robinien) und im Juli den Edelkastanien. Zuletzt bringen sie die Bienen in den Wald. Ich habe mehrmals gesehen, wie die Magazine weggefahren wurden und Bienen, die bereits ausgeflogen waren, zurückkamen und ihr »Wohnhaus« nicht mehr vorfanden. Wie irrsinnig suchten sie an der gewohnten Stelle nach den Magazinen, bis sie vor Erschöpfung in das Gras fielen und im Kreislauf der Natur endeten, in dem es kein Ende gibt. Dieses Ende könnte sich jedoch aus anderen Gründen abzeichnen. Bei den Bienen ist es vor allem das unaufhaltsame Vordringen der *Varroa jacobsoni,* das sie bedroht. Als Reittier sitzt sie der Biene im Nacken oder auf dem Hinterleib und durchsticht den Chitinpanzer, um sich von der Blutflüssigkeit zu ernähren. Zur Eiabgabe dringt sie dann in eine kurz vor der Verdeckelung stehende Brutzelle. Die meisten europäischen Bienen sind von ihr befallen, und man kann nur darauf vertrauen, dass noch kein Parasit seinen Wirt ausgerottet hat, weil er damit ja selbst zugrunde ginge …

Welche Folgen hätte ein Aussterben der Bienen? – Viele Pflanzen sind nicht in der Lage, sich ohne Hilfe des Windes oder von Insekten zu befruchten. Der Großteil der Obstbäume beispielsweise ist nicht imstande, sich selbst zu bestäuben. Die Bienen bestäuben mehr als 80 Prozent der Insektenblütler. Es gibt zahlreiche Versuche, die sich mit den Folgen auseinandersetzen, wenn die Bestäubung durch die Bienen ausbliebe. Tatsächlich würde die Obsternte auf ein Drittel bis ein Fünftel zurückgehen. Man schätzt, dass in den Monaten Mai und Juni ein einziges Bienenvolk zwei Millionen Blüten pro Tag aufsucht und bestäuben kann.

Je länger ich mich mit den Bienen beschäftigte, desto weniger begriff ich sie als Denkanalogie – umso mehr erkannte ich in ihnen den Fortpflanzungsstaat. Sein Zweck besteht in der Drehung der Endlosschleife mit der Inschrift: Die ewige Wiederkehr des *Neuen*.

Früher war die Honiggewinnung unweigerlich mit der Zerstörung des Baus und oft der Vernichtung des ganzen Bienenvolkes verbunden. Korbimker konnten bis zur Mitte des 19. Jahrhunderts zum Beispiel ihren Honig nur dann einbringen, wenn sie die Völker durch Abschwefeln, Abtrommeln oder Abstoßen aus dem Korb entfernten und den festen Wabenbau herausbrachen. Die Wildbienen in den Wäldern wurden stets ausgeräuchert, verbrannt, vertrieben, ihr Bau wurde mit Eisenwerkzeugen vernichtet, und immer kam der Mensch mit Feuer und Schwert und der Gesichtsmaske des Mörders.

Eines Tages in der Schwarmzeit nahm der Bienenzüchter, Herr Zmugg, den ich bei seiner Arbeit beobachtet hatte (die er stets ohne Imkeranzug und Imkerhut verrichtete), einen Lockenwickler zur Hand, steckte die Bienenkönigin hinein und ließ das Bienenvolk auf sich Platz nehmen. Ich dachte, er *umarmt den Bien*. Ein Teil der Bienen schwärmte sirrend in der Luft, ein Teil bildete eine Traube auf seiner Hand, ein Teil ließ sich auf seinen Beinen nieder. Ich sah – ohne es zu wissen – das Schlusskapitel meines Romans, aber ich begriff, dass mein Buch ein Organismus aus frei fliegenden Zellen wie der *Bien* sein würde.

Die Natur ist nur ein anderes Wort für *Zusammenhang*, dachte ich, sie ist nicht das tote Präparat unter dem Mikroskop, nicht die Ratte auf dem Seziertisch oder die anatomische Zeichnung in einem Biologielehrbuch. Unsere Vorstellung von Natur beruht auf einer *toten* Natur. Die Natur ist ein unendliches Geflecht, ein Zusammenhangsknäuel, ein lebendiger *Gordischer Knoten,* dessen Fäden sich nur mit Gewalt voneinander trennen lassen. Herr Zmugg saß da wie ein Wanderer aus den Gefilden des Gartens Eden. Keine Biene stach ihn. Für kurze Zeit existierte die Utopie der Wesensgleichheit von Mensch und Tier – und, als gäbe es eine neue Sprache, ein neues Denken – es herrschte Friede.

GERHARD ROTH, 1942 in Graz geboren, lebt als freier Schriftsteller in Wien und der Südsteiermark. Er veröffentlichte zahlreiche Romane, Erzählungen, Essays und Theaterstücke, darunter den 1991 abgeschlossenen siebenbändigen Zyklus »Die Archive des Schweigens«. Seitdem erschienen die Romane »Der See«, »Der Plan«, »Der Berg«, »Der Strom« und »Das Labyrinth«, der autobiographische Band »Das Alphabet der Zeit« sowie die literarischen Essays über Wien »Die Stadt« – ein zweiter Zyklus, der im Frühjahr 2011 mit dem Band »Orkus« abgeschlossen ist.

Literaturpreise und Auszeichnungen u.a.: Preis der »SWF-Bestenliste«, Alfred-Döblin-Preis, Marie-Luise-Kaschnitz-Preis, Preis des Österreichischen Buchhandels, Bruno-Kreisky-Preis 2003, Großes Goldenes Ehrenzeichen der Stadt Wien 2003.

Maurice Maeterlinck –
Leben und Werk

Der belgische Schriftsteller Maurice Maeterlinck gilt als einer der bedeutendsten Repräsentanten des literarischen Symbolismus, der das gesamte Geistesleben um die Jahrhundertwende entscheidend beeinflusste, vor allem als Dramatiker und Lyriker. Neben seiner schriftstellerischen Tätigkeit war er außerdem Bienenzüchter und experimenteller Botaniker. Er lebte das Leben eines wohlhabenden Homme de Lettres, dessen Werk vielfach verbreitet und aufgeführt, vertont und in mehrere Sprachen übersetzt wurde. In Deutschland wurde es begeistert aufgenommen. Nach den ersten Erfolgen des damals noch völlig unbekannten Autors schrieb der österreichische Schriftsteller und Literaturkritiker Hermann Bahr 1891 im *Magazin für die Literatur des In- und Auslandes*: »Man konnte an dem neuen Namen nicht mehr vorbei. Er war ein Ereignis geworden, zu dem man sich stellen musste, so oder so.« Zwischen 1924 und 1926 erschien auf deutsch eine neunbändige Gesamtausgabe seiner Werke.

Maurice Polydore Marie Bernard Maeterlinck wurde am 29. August 1862 im belgischen Gent geboren. Seine Familie gehörte dem alteingesessenen flämischen, französisch sprechenden Bürgertum an und lebte in großzügigen Verhältnissen in Oostacker. Das Haus der Familie grenzte an den Kanal, der Gent mit Terneuzen verband, sodass die Schiffe beinahe durch den Garten zu gleiten schienen. Dieser Garten war weitläufig und üppig bewachsen, denn Maeterlinck-Père war passionierter Gärtner und Pflanzenzüchter. Die Kinder wurden von ausländischen Gouvernanten erzogen, die Deutsch oder Englisch mit ihnen sprachen, aber so häufig wechselten, dass die Kinder beide Sprachen zu einem Kauderwelsch vermischten.

Seine Schulzeit verbrachte Maurice Maeterlinck in der düsteren, mittelalterlichen Stadt Gent, im Jesuitenkolleg Sainte Barbe, eine nach seinem eigenem Bekunden siebenjährige Tyrannei, während der »die Schüler unaufhörlich zwischen Himmel und Hölle schwankten, weil sämtliche Predigten sich um nichts anderes als die Hölle drehten«. Doch in Sainte Barbe schloss er auch Freundschaft mit Charles van Leberghe und Grégoire Le Roy, mit denen er erste dichterische Versuche unternahm. Die Eltern hatten allerdings für derlei literarische Interessen wenig Sinn und sahen für ihren Sohn einen juristischen Beruf vor. Diesem Wunsch entsprechend studierte Maeterlinck in Gent Jura.

Mit vierundzwanzig Jahren unternahm er eine erste Reise nach Paris, vorgeblich, um sich juristischen Studien zu widmen. Lieber stürzte er sich allerdings ins literarische und künstlerische Leben der Stadt, wo er einige Vertreter der noch jungen symbolistischen Bewegung kennenlernte, darunter Mallarmé; Begegnungen, die zu ersten Gedichtveröffentlichungen in der jungen symbolistischen Zeitschrift *La Pléiade* führten. Dieser Paris-Aufenthalt hatte wesentlichen Einfluss auf Maeterlincks späteres Schaffen und bestärkte ihn darin, Schriftsteller zu werden. Nach sechs Monaten kehrte er jedoch nach Gent zurück und übte zunächst den Beruf eines Anwalts aus.

Im Jahr 1889 kam es im Leben des 27-Jährigen zu zwei einschneidenden Ereignissen: Von ihm selbst auf einer Handdruckpresse gedruckt, veröffentlichte er seinen Gedichtband *Serres Chaudes* und das Drama *La Princesse Maleine*, beide in einer Auflage von 30 Exemplaren. In einer überschwänglichen Rezension nannte der gefürchtete französische Romancier und Kritiker Octave Mirbeau im Pariser *Figaro* das Theaterstück ein Meisterwerk und rückte den unbekannten Autor in die Nähe Shakespeares. Maeterlinck war über Nacht berühmt geworden.

Das zweite, damit eng verknüpfte Ereignis war die Aufgabe des Anwaltsberufs, den er bislang ohne besonderen Elan ausgeübt hatte. Die ersten und letzten Fälle hatte er mit Aplomb vor Gericht verloren. Sein englischer Übersetzer, Gerard Harry, der ihn persönlich kannte, schrieb die Beendigung der juristischen Laufbahn jedoch nicht nur Maeterlincks dichterischen Neigungen zu, sondern auch seiner Stimme, die er – Maeterlinck wird sonst als Hüne beschrieben – als zu dünn und brüchig bezeichnete, um vor Gericht erfolgreich zu sein, sowie seiner Schüchternheit und seinem introvertierten Naturell.

Nach dem unerwarteten Erfolg von *Princesse Maleine* wurde Maeterlinck zu einer umschwärmten Figur, was er nur mühsam ertrug. Er begann die Öffentlichkeit zu meiden und kümmerte sich nicht einmal um die Aufführung seiner Werke. Zurückgezogen lebte er weiterhin in Oostacker, schrieb, widmete sich seinen Bienen, ruderte, radelte, ging spazieren, und im Winter lief er Schlittschuh. Von seinem Fenster aus hatte er Ausblick auf die weite flämische Landschaft mit ihren Marschen, Tümpeln, Eichen- und Kiefernwäldern und zwischen mächtigen Weiden auf einen düsteren Kanal.

In diesen Genter Jahren zwischen 1889 und 1896 entstanden neun frühe Dramen, die berühmtesten neben *La Princesse Maleine* sind *L'Intruse*, *Les Aveugles* und *Pelléas et Mélisande* (von Claude Debussy als Oper vertont). Diese Stücke nehmen viele Merkmale des modernen Theaters vorweg, dessen Ästhetik er wesentlich beeinflusste: äußerste Reduktion, Aufhebung der traditionellen Raum-Zeit-Bezüge, Verzicht auf die Darstellung sozialer und psychologischer Konflikte, Rückzug aus dramatischer Aktion in die Innerlichkeit. In eindringlicher Weise werden das Ausgeliefertsein des modernen Menschen an ein unbekanntes Schicksal und die Unfähigkeit zur Kommunikation verhandelt. Maurice Maeterlinck, so schrieb Antonin Artaud begeistert, habe als Erster »den vielfältigen Reichtum des Unbewussten in die Literatur eingeführt«. Neben der Arbeit an seinen Dramen übersetzte Maeterlinck in diesen Genter Jahren auch den flämischen Mystiker Jan van Ruysbroeck sowie Novalis' *Die Lehrlinge zu Sais* ins Französische und verfasste ein Vorwort zur französischen Ausgabe der Essays Ralph Waldo Emersons.

Jenseits aller poetologischen Neuerungen spiegelten die frühen Dramen in ihrem Pessimismus und Fatalismus sowohl Maeterlincks persönliche Grundstimmung als auch die Stimmung und den Zeitgeist des Fin de Siècle wider. Hermann Bahr beschrieb es so: »Äußeres vermag er nicht zu gewahren, geschweige denn zu gestalten. Äußeres Leben zu bilden versucht er nicht einmal. Kein wirklicher Mensch wird ihm, keine wirkliche Handlung. Die Gestalten, welche er formt, sind nur Zeichen seiner Sensationen, die von seinen Stimmungen auf die Welt geworfenen Schatten, und die Ereignisse, welche er häuft, sind nur Symbole vieler Geschichten in den Nerven ... Die Personen, die Handlung, die Dekoration, jede Gebärde, jedes Wort – alles folgt nur dieser Absicht: die Nerven in eine bestimmte Verfassung zu bringen.«

Doch diese frühen Dramen wurden nicht überall als die bedeutende Neuerung wahrgenommen, die sie tatsächlich waren und die auf Camus' Sicht des Absurden und den modernen Menschen im Theater Becketts oder das Parabeltheater Bertolt Brechts vorauswiesen. Das nicht zuletzt weil Maeterlinck selbst sich in den folgenden Jahren von seinem Frühwerk distanzierte, sich von Fatalismus und Reduktion abwandte und optimistischere, opulentere Bildwelten suchte. Diese Veränderung markiert einen von der Kritik immer wieder hervorgehobenen Bruch in seinem Werk, der in etwa mit der Jahrhundertwende und Maurice Maeterlincks Begegnung mit Georgette Leblanc zusammenfiel.

Er lernte die französische Sängerin und Schauspielerin 1895 kennen und verliebte sich in sie. Ihr zuliebe zog er nach Paris. Nach einigen Jahren wurde ihm die Hektik des großstädtischen Lebens jedoch zu viel. 1907 zog er mit Leblanc in die Normandie, in die ehemalige Benediktinerabtei Saint-Wandrille, wo er von nun an die Sommer verbrachte. Den Winter über lebte er in der Villa »Quatre Chemins« in der Nähe von Grasse. Leblanc beschrieb das Leben des beinahe 50-jährigen Maeterlinck so: »Er ist klug genug, seine Schwäche (das Pfeifenrauchen) zu zügeln, mit seinen Kräften zu haushalten und nach seinen Möglichkeiten zu leben. Er schreibt unentwegt. Morgens steht er früh auf und kümmert sich um den Garten und seine Bienen wie seit fast 30 Jahren. Dann arbeitet er exakt zwei Stunden. Danach geht er wieder ins Freie, rudert, fährt Rad oder Auto oder macht einen Spaziergang. Abends liest er und geht früh zu Bett.«

In den Jahren mit Leblanc veröffentlichte Maeterlinck zunächst seinen ersten Essayband, *Le Trésor des Humbles* (1896) und im gleichen Jahr das Drama *Aglavaine et Sélysette*. 1902 entstand *Monna Vanna*, mit dem Maeterlinck zwar das große Publikum gewann, jedoch viele Bewunderer seiner früheren Dramen verlor, so in Deutschland Rilke, der sich enttäuscht von ihm abwandte. 1911 wurde er mit dem Nobelpreis für Literatur ausgezeichnet. In der Preisrede hieß es: »Maurice Maeterlinck schreibt mit der Vorstellungskraft eines Schlafwandlers und dem Geist eines träumenden Visionärs, aber immer auch mit der Präzision eines großen Künstlers.«

Eine wichtige Rolle für die Rezeption von Maeterlincks Dramen spielte schließlich der Erste Weltkrieg, als allerorten nationalistische Interessen gegenüber den künstlerischen die Oberhand gewannen. Maeterlinck, ein Verehrer deutscher Literatur, Kunst und Philosophie, verwandelte sich nach dem deutschen Einmarsch in das neutrale Belgien in einen grimmigen Deutschenhasser, der in der englischen *Daily Mail* erklärte, der Hass Belgiens und Frankreichs auf Deutschland müsse »ewig währen«. Diese Ausfälle bewirkten, dass seine deutschen Schriftstellerfreunde ebenso ausfällig wurden und sich von ihm abwandten. Der Kritiker Emil Lucka schrieb 1914 in der *Frankfurter Zeitung*: »Bis zu seinem 52. Jahr hat Maeterlinck kein ungebrochenes, lautes Wort gesprochen. Er ist ein scheuer Vogel, der weder das volle Licht der Sonne ertragen kann noch die Ruhe der Nacht, und den es immer ein wenig friert. Maeterlinck hat nicht gesungen, sondern gesäuselt, nicht Gedanken entwickelt, sondern gepredigt. Und dass er es vermocht hat, seinen halben Gefühlen neue Bilder und einfache Worte zu finden, das hat ihn zum berühmten Dichter gemacht. ... Aber plötzlich hat sich etwas Seltsames begeben: Im Verlauf einiger Wochen ist der Mann des Flüsterns zum lautesten Schreier auf dem Markt geworden.«

Auch sein wichtigster deutscher Übersetzer, Friedrich von Oppeln-Bronikowski, der sich für Maeterlinck eingesetzt hatte und teilweise als sein Agent auftrat, brach die Beziehung ab, wie er 1919 in einem Brief an das angesehene *Literarische Echo* öffentlich wissen ließ. In diesem Schreiben führt er ins Feld, dass Maeterlinck seinen Weltruhm und in der Folge auch den Nobelpreis vor allem der enthusiastischen Aufnahme in Deutschland zu verdanken habe – etwas vermessen angesichts der Tatsache, dass nicht nur Max Liebermann, sondern auch Stanislawski Maeterlinck aufführte und dass zwischen 1909 und 1911 allein in den USA an die 250 Produktionen seiner Stücke auf die Bühne kamen. *Monna Vanna* wurde in Berlin 250 Mal aufgeführt, die Buchausgabe erreichte eine Auflage von 29 000 Exemplaren, wie Friedrich von Oppeln-Bronikowski schrieb, der damit einen großen Teil seiner Lebensarbeit zusammenbrechen sah. Er hatte lange sehr erfolgreich mit Maeterlinck zusammengearbeitet, der seine Übersetzungen mit folgenden Worten gelobt hatte: »Ich wusste nicht, dass die Verdeutschung dieses Genres [der Gedichte], das immer so schwierig ist, zu gleicher Zeit so durchdringend, so wortgetreu und so originell in aller Worttreue, so harmonisch und präzis sein könnte.«

Maurice Maeterlinck war nicht nur Dichter und Dramatiker, sondern auch Denker und Essayist; philosophische Schriften durchziehen sein gesamtes Werk. Auch hier setzte er sich mit den Grundfragen menschlicher Existenz auseinander, mit Leben und Tod, Seele und Mysterium. Er machte sich kritische Gedanken zum Theater, zum Okkultismus, auch zu Themen wie dem Automobil und dessen Tempo (er war leidenschaftlicher Autofahrer) oder dem Boxkampf (gelegentlich stieg er selbst in den Ring).

Eine eigene kleine Gruppe bilden seine naturphilosophischen Werke. *La Vie des Abeilles* (1901), die beiden Essaybände *Le Double Jardin* und *L'Intelligence des Fleurs* (1905, mit Aufsätzen zu verschiedenen Themen), *La Vie des Termites* (1926) und *La Vie des Fourmis* (1920). Von diesen naturphilosophischen Betrachtungen wurde *Das Leben der Ameisen*, in dem Maeterlinck das Wunder der Schöpfung feiert, am meisten gelesen und bereits bei Erscheinen als moderner Klassiker gelobt. In bis dahin unbekannter Weise vereinigte er Poesie und Wissenschaft und beschrieb zutiefst persönlich, in einer lebhaften, kunstvollen Sprache, gleichzeitig mit wissenschaftlicher Akribie, die Wunder des Bienenstaats. Auf die Frage nach Sinn und Geheimnis des Lebens und der Arbeit, die sich wie ein roter Faden durch sein gesamtes Werk zieht, glaubte er, im Bienenstaat eine Antwort zu finden.

Bereits 1911 hatte Maeterlinck die achtzehnjährige Schauspielerin Renée Dahon kennengelernt und ein Verhältnis mit ihr begonnen. 1918, nach 23 Jahren des Zusammenlebens, trennte er sich von Georgette Leblanc und heiratete 1919 Dahon. Im selben Jahr wurde er für seine literarischen Verdienste vom belgischen König Albert I. in den Grafenstand erhoben. 1919/1920 unternahm er eine ausgedehnte Lesereise in die USA und schrieb auf Drängen Hollywoods mehrere Drehbücher, von denen jedoch kein einziges verfilmt wurde. 1930 erwarb er ein Schloss in der Nähe von Nizza, das er »Orlamonde« nannte. Dort lebte er mit Renée Dahon. 1939 floh Maeterlinck vor dem Einmarsch der Nationalsozialisten in Belgien und Frankreich über Lissabon in die USA. Erst 1947 kehrte er nach Südfrankreich zurück. Maurice Maeterlinck starb am 6. Mai 1949 in Orlamonde an einem Herzschlag. Er war 87 Jahre alt geworden.

Seit den Zwanzigerjahren hatte Maeterlinck keine Antworten mehr auf die Fragen seiner Zeit gefunden. Seine Dramen wurden nur noch selten aufgeführt. Der einstige Verfechter von gerechten Sozialordnungen, der öffentlich Generalstreiks unterstützte und die Ansprüche der in Armut Geborenen in berückende Worte fasste, rückte nach rechts. Maeterlinck verteidigte die Kollaboration des im Lande verbliebenen Königs Leopold III. mit den nationalsozialistischen Besatzern und erwies, während eines Aufenthalts in Portugal, dem Diktator Salazar seine Reverenz. Es ist, als habe in seiner Weltsicht der kalte, harte Termitenstaat (*Das Leben der Termiten*, 1926) gegen den zauberischen, lebensvollen Bienenstaat (*Das Leben der Bienen*, 1901) den Sieg davongetragen. Erst in den letzten Jahren wird der frühe Maeterlinck neu entdeckt. Inszenierungen von Christoph Marthaler, Tim Krohn und anderen, Lesungen und Reeditionen wie die Vorliegende bringen jenen Maeterlinck zurück ans Licht, der sich die Fragen auch unserer Epoche stellte.

Der Übersetzer

FRIEDRICH VON OPPELN-BRONIKOWSKI (1873–1936) war ein deutscher Schriftsteller, Übersetzer, Herausgeber und Kulturhistoriker. Neben seinem eigenen Werk, das sich vor allem der preußischen Geschichte und dem Militärleben widmete, übersetzte er Anatole France, Honoré de Balzac, Charles De Coster, Stendhal, Guy de Maupassant und Niccolò Machiavelli. In seinem Spätwerk setzte er sich kritisch mit dem deutschen Antisemitismus auseinander.

LEONARDO DA VINCI *Der Esel auf dem Eis*
Die Fabeln des Leonardo da Vinci kommen einfach daher, sind aber kunstvoll und überraschend. Hier sprechen die Tiere, die Pflanzen zu uns. Die ganze Natur meldet sich zu Wort: Der Stein, der Nusskern, das Feuer, das Wasser. Sie erzählen vom Unscheinbaren, das durch Klugheit obsiegt. Leonardos Fabeln lassen uns lächeln und machen am Ende klüger.

FELIX SALTEN *Bambi*
Heiß geliebt und unvergessen: Bambi, das Original – jugendfrisch für alle Generationen. Der Roman von Felix Salten ist ein Meisterwerk. Er erzählt unsentimental, ohne Verniedlichung und voller Bezüge auf die Grundfragen des Lebens.

TSCHINGIS AITMATOW *Abschied von Gülsary*
Der alte Tanabai ist mit seinem Hengst Gülsary auf dem nächtlichen Heimweg in die kirgisischen Berge. Nach einem stürmischen Leben wird dies ihr letzter Gang. Beide sind müde geworden. Wie an Stationen eines Kreuzwegs brechen die Bilder der Vergangenheit hervor.

JURI RYTCHËU *Wenn die Wale fortziehen*
Nau ist die Urmutter des Menschengeschlechts. Aus Liebe zu ihr wird Rëu, der Wal, zum Menschen und zeugt mit ihr Waljunge und Menschenkinder. Diese poetische Schöpfungslegende der Tschuktschen von der ursprünglichen Gemeinschaft von Mensch und Wal, von der Einheit von Mensch und Natur, ist zugleich eine Vorahnung unserer Zeit.

Mehr über alle Bücher und Autoren auf *www.unionsverlag.com*

BÜCHER FÜRS HANDGEPÄCK
Ägypten · Argentinien · Bali ·
Bayern · Belgien · Brasilien ·
China · Dänemark · Emirate ·
Finnland · Himalaya · Hong-
kong · Indien · Indonesien ·
Innerschweiz · Island · Japan ·
Kalifornien · Kambodscha ·
Kanada · Kapverden · Kolum-
bien · Korea · Kreta · Kuba ·
London · Malaysia · Malediven ·
Marokko · Mexiko · Myanmar ·
Namibia · Neuseeland · New
York · Norwegen · Patagonien
und Feuerland · Peru ·
Provence · Sahara · Schottland ·
Schweden · Schweiz · Sizilien ·
Sri Lanka · Südafrika · Tessin ·
Thailand · Toskana · Vietnam

ASLI ERDOĞAN Die Stadt mit
der roten Pelerine (UT 819)
JØRN RIEL Sorés Heimkehr
(UT 816)
DAGMAR BHEND (HG.)
Weihnachten in der Schweiz
(UT 815)
JOHANNES MERKEL (HG.)
Das Mädchen als König
(UT 814)
MAURICE MAETERLINCK
Das Leben der Bienen (UT 813)
SALLY MORGAN Ich hörte
den Vogel rufen (UT 812)
YAŞAR KEMAL
Memed mein Falke (UT 811)
NAGIB MACHFUS Die Kinder
unseres Viertels (UT 810)
KOBO ABE Die Frau in den
Dünen (UT 809)

AVTAR SINGH
Nekropolis (UT 808)
COLIN DEXTER Eine Messe für
all die Toten (UT 807)
COLIN DEXTER Zuletzt
gesehen in Kidlington (UT 806)
JOSÉ EDUARDO AGUALUSA
Das Lachen des Geckos
(UT 805)
PATRICK DEVILLE
Äquatoria (UT 804)
FISTON MWANZA MUJILA
Tram 83 (UT 803)
A. DJAFARI / J. BOOS (HG.)
Vollmond hinter fahlgelben
Wolken (UT 800)
JURI RYTCHËU Die Suche nach
der letzten Zahl (UT 799)
JOHANNES MERKEL (HG.)
Löwengleich und Monden-
schön (UT 798)
CHRISTINE BRAND
Mond (UT 797)
BJÖRN LARSSON Träume am
Ufer des Meeres (UT 796)
LEONARDO PADURA Neun
Nächte mit Violeta (UT 795)
XAVIER-MARIE BONNOT Im
Sumpf der Camargue (UT 794)
JAMES MCCLURE
Artful Egg (UT 793)
JAMES MCCLURE Blood of
an Englishman (UT 792)
KEN BUGUL Riwan oder
der Sandweg (UT 791)
PATRICK DEVILLE
Kampuchea (UT 790)
CHRISTOPH SIMON Franz
oder Warum Antilopen
nebeneinander laufen (UT 789)

Mehr über alle Bücher und Autoren auf *www.unionsverlag.com*

CLAUDIA PIÑEIRO
Ein wenig Glück (UT 788)

YAŞAR KEMAL
Die Disteln brennen (UT 785)

MAHMUD DOULATABADI
Kelidar (UT 784)

JÖRG JURETZKA
TrailerPark (UT 783)

JAMES MCCLURE
Sunday Hangman (UT 782)

JAMES MCCLURE
Snake (UT 781)

MEHMED UZUN Im Schatten
der verlorenen Liebe (UT 780)

MICHAEL DIBDIN Sterben
auf Italienisch (UT 779)

MICHAEL DIBDIN Tod auf
der Piazza (UT 778)

GARRY DISHER
Bitter Wash Road (UT 777)

CELIL OKER Lass mich
leben, Istanbul (UT 776)

PATRICK DEVILLE
Pest & Cholera (UT 775)

WENDY GUERRA
Alle gehen fort (UT 774)

PETRA IVANOV
Heiße Eisen (UT 773)

BACHTYAR ALI Der letzte
Granatapfel (UT 769)

ATEF ABU SAIF Frühstück
mit der Drohne (UT 768)

NAGIB MACHFUS
Spiegelbilder (UT 767)

JAMES MCCLURE
Gooseberry Fool (UT 766)

JAMES MCCLURE
Caterpillar Cop (UT 765)

TEVFIK TURAN (HG.) Von
Istanbul nach Hakkâri (UT 764)

AHMET HAMDI TANPINAR
Seelenfrieden (UT 763)

AYŞE KULIN
Der schmale Pfad (UT 762)

GIUSEPPE FAVA
Bevor sie Euch töten (UT 761)

MICHAEL DIBDIN Im
Zeichen der Medusa (UT 760)

MICHAEL DIBDIN
Roter Marmor (UT 759)

BJÖRN LARSSON
Long John Silver (UT 758)

GARRY DISHER
Hinter den Inseln (UT 757)

LEONARDO PADURA Die
Palme und der Stern (UT 756)

MAHMUD DOULATABADI
Nilufar (UT 752)

NAGIB MACHFUS
Zuckergässchen (UT 751)

NAGIB MACHFUS Palast
der Sehnsucht (UT 750)

JÖRG JURETZKA
Bis zum Hals (UT 749)

XAVIER-MARIE BONNOT Die
Melodie der Geister (UT 748)

MICHAEL DIBDIN
Schwarzer Trüffel (UT 747)

MICHAEL DIBDIN
Sizilianisches Finale (UT 746)

MAEVE BRENNAN
Mr. und Mrs. Derdon (UT 745)

BJÖRN LARSSON
Der Keltische Ring (UT 744)

JAMES MCCLURE
Steam Pig (UT 743)

JAMES MCCLURE
Song Dog (UT 742)

VICTOR GARDON Brunnen
der Vergangenheit (UT 741)

Mehr über alle Bücher und Autoren auf *www.unionsverlag.com*